建筑防火设计问答 100 题

教锦章　编著

中国建筑工业出版社

图书在版编目（CIP）数据

建筑防火设计问答100题 / 教锦章编著 . —北京：中国建筑工业出版社，2012.8
ISBN 978-7-112-14608-6

Ⅰ.①建… Ⅱ.①教… Ⅲ.①建筑设计－防火－问题解答 Ⅳ.① TU892-44

中国版本图书馆 CIP 数据核字（2012）第 198066 号

民用建筑类型繁多，防火设计相应复杂。本书以规范为依据，仅就建筑专业常见的典型问题给予解答，并链接相关资料进一步分析、讨论、总结、提示和建议。以便深入理解和准确执行规范，确保和提高设计质量与水平。是建筑师必备的实战手册。

责任编辑：王莉慧　杨　虹
责任设计：陈　旭
责任校对：刘梦然　赵　颖

建筑防火设计问答100题
教锦章　编著

＊

中国建筑工业出版社出版、发行（北京西郊百万庄）
各地新华书店、建筑书店经销
北京嘉泰利德公司制版
北京云浩印刷有限责任公司印刷

＊

开本：850×1168 毫米　1/32　印张：3¼　字数：180 千字
2012 年 9 月第一版　　2014 年 4 月第三次印刷
定价：**15.00 元**
ISBN 978-7-112-14608-6
　　　（21999）

前　言

　　笔者曾主编《住宅建筑设计防火规范条文速查与解读》一书,对有关住宅的防火规定从"正向"进行了汇总和梳理。通过对照比较,指出异同,力求从总体上对规定有全局性的认知和把握,用以指导解决防火设计中的问题,但在应用中仍感不够直接。

　　此时,恰好案头有不少历年审图积累下来的问题笔记,于是形成了编写本书的初衷:何不从众多的防火设计问题中,选择常见并具有代表性者,从"反向"总结在相关规范中寻求到的解答和依据,从而辑成一本针对具体防火设计问题的、辞典式的"实战"手册。

　　在解决防火设计问题时,陷入的困境主要有二:一者,由于防火规范编制单位、年代、理念的差异,且缺乏协调,导致对同一问题的规定不同,甚至矛盾;二者,鉴于规范虽然是实践的总结并用于指导实践,但又滞后于实践,如不及时补充修正,必然导致出现盲区,找不到对问题的相应规定或规定不够明确。

　　对此,笔者只好另寻其他规范、技术措施和标准图中的有关规定或做法作为"旁证"。因而本书的解答,不论是"肯定性"的结论,或是"不确定性"的建议,均为基于个人理解的"试答",仅供参考。能否作为设计的依据,最终应以消防部门的意见为准。

　　作为一名退休的建筑师,与在职同行相比,最大的优势在于有较多的时间,对防火设计问题的答案进行从容的"考证",并愿以此"砖"为线索和思路,供同行"琢玉"之用。更盼得到同行的讨论指正、共商共享，达到事半功倍的目的。

在解答的论述中，引证规范条文是必不可少的。而条文的措词为确保严密和准确，往往较长。因此，本书尽量将相关规定的内容摘要汇总列表，做到概括全面、脉络清晰、一目了然，便于理解和记忆。也系本书的一大亮点。

世纪豪森建筑设计公司张晓东建筑师、龙安华城建筑设计公司蔡英建筑师积极提供素材、共同切磋，特此致谢！

本书编写依据的规范和参考书目

1.《建筑设计防火规范》 GB50016—2006　　　——简称《建规》

2.《建筑设计防火规范》图示 05SJ811　　　——简称《建规图示》

3.《高层民用建筑设计防火规范》GB50045—95（2005年版）

　　　　　　　　　　　　　　　　　——简称《高规》

4.《高层民用建筑设计防火规范》图示 05SJ812

　　　　　　　　　　　　　　　　　——简称《高规图示》

5.《住宅建筑规范》GB 50368—2005　　　——简称《住建规》

6.《住宅建筑规范实施指南》　　　　　　——简称《实施指南》

7.《建筑内部装修设计防火规范》GB50222—95（1999和
　　2001年局部修订）　　　　　　　——简称《建装规》

8.《人民防空工程设计防火规范》GB50098—2009

　　　　　　　　　　　　　　　——简称《人防防火规范》

9.《汽车库、修车库、停车场设计防火规范》GB50067—1997

　　　　　　　　　　　　　　——简称《汽车库防火规范》

10.《民用建筑设计通则》GB50352—2005　　——简称《通则》

11.《住宅设计规范》GB50096—1999（2003年版）

　　　　　　　　　　　　　　　　——简称《住设规》

12.《商店建筑设计规范》JGJ48—88（试行）

　　　　　　　　　　　　　　　　——简称《商设规》

13.《饮食建筑设计规范》JGJ64—89

14.《宿舍建筑设计规范》JGJ36—2005

15.《汽车库建筑设计规范》JGJ100—98

16.《人民防空工程设计规范》GB50038—2005

　　　　　　　　　　　　　　　——简称《人防设计规范》

17.《严寒和寒冷地区居住建筑节能设计规范》JGJ26—2010

18.《全国民用建筑工程设计技术措施(规划·建筑·景观)》

   2009 年版   ——简称《技术措施》

19.《北京市建筑设计技术细则·建筑专业》

20.《建筑设计资料集》(第二版)第 1 册

21.《住宅建筑设计防火规范条文速查与解读》

22.《民用建筑工程设计常见问题分析及图示(建筑专业)》

   05SJ807   ——简称《常见问题分析》

23.建筑设计防火规范(整合修订征求意见稿)

                              ——简称新《建规》(意见稿)

问题索引

1 术语、建筑分类和耐火等级 ……………………………… 1

1-1 何谓中庭？ ……………………………………………… 1

1-2 何谓"非封闭楼梯间"和"敞开楼梯"？ ………… 1

1-3 公寓和宿舍属于居住建筑吗？ ……………… 2

1-4 如何界定"商业服务网点"？ ……………… 3

1-5 高级住宅应属于几类建筑？ ……………… 4

1-6 人员密集的公共建筑如何界定？ ……………… 4

1-7 屋顶坡度较大时，建筑高度如何计算？ ……………… 6

1-8 建筑屋顶局部突出部分的面积比例＞1/4 时，
仍不计入建筑高度吗？ ……………… 6

1-9 顶层户内跃一层的（9+1）层、（11+1）层和
（18+1）层住宅如何计算其建筑层数？ ……………… 7

1-10 高层住宅仍应进行建筑分类吗？ ………… 8

1-11 商住楼属于公共建筑吗？ ……………… 9

1-12 住宅建筑构件的燃烧性能和耐火极限
应执行哪个规定？ ……………… 9

1-13 在《建装规》表 3.2.1、表 3.3.1 和表 3.4.1 中，
"装饰织物"和"其他装饰材料"
系指何物？ ……………………… 10

2 防火分区 ……………………………………………… 11

2-1 单元式住宅的每个单元就是一个防火分区吗？ …… 11

2-2 住宅建筑可以不划分防火分区吗？ ……………… 11

2-3 地下自行车和摩托车库防火分区的

最大面积是多少？ ……………………………… 12

2-4 位于地下室内的冰场、游泳池、靶道区、球道区
的面积可以不计入防火分区面积吗？ ………… 12

2-5 楼梯间、消防电梯、防烟前室的面积，可以不计
入防火分区面积吗？ …………………………… 13

2-6 对于设置非封闭楼梯间的楼层，其防火分区面积
应叠加计算吗？ ………………………………… 14

2-7 防火分区可以跨沉降缝吗？ …………………… 15

3 安全疏散 ………………………………………… 16

3-1 公共建筑直通疏散走道的房门至最近安全出口
的最大距离因何而定？ ………………………… 16

3-2 高层建筑有喷水灭火系统时，疏散距离的限值
可以增加吗？ …………………………………… 17

3-3 在连接两个安全出口的主走道上，又有与其
相通的袋形支道。请问该袋形支道两侧或尽
端房间的安全疏散距离如何计算？ …………… 17

3-4 房间疏散门至最近安全出口的最大距离，以及
两个相邻安全出口间的最小距离均应为净距吗？ … 19

3-5 设置敞开楼梯的两层商业服务网点如何界定其
最大疏散距离？ ………………………………… 19

3-6 两层商业服务网点室内楼梯的净宽
也应 ≥ 1.4m 吗？ ……………………………… 20

3-7 相邻防火分区之间防火墙上的防火门何时
可作第二安全出口？ …………………………… 21

3-8 封闭楼梯间或防烟楼梯间前室的门可以直接

开向大空间的厅堂吗? ································· 22

3–9 公共建筑的房间疏散门何时可设 1 个? ··········· 23

3–10 在公共建筑的地上层内,疏散走道上的防火
分区隔墙处设有防火门,该防火门到疏散楼梯
的距离应按袋形走道尽端房门控制吗? ········· 23

3–11 两个相邻的安全出口不在同一防火分区内
也应相距 ≥ 5m 吗? ······························· 25

3–12 剪刀梯在首层必须分别设置两个对外
出口吗? ··· 26

3–13 楼梯间在首层与对外出口的最大距离
如何确定? ··· 26

3–14 跃层式户型户内最远疏散距离的限值
是多少? ··· 27

3–15 住宅户内及户门至安全出口的最大疏散距离
如何确定? ··· 29

3–16 住宅楼梯、公用走道和疏散门的最小净宽度
如何确定? ··· 30

3–17 高层建筑地下室何时可用金属竖梯作
第二安全出口? ···································· 30

4 楼梯间的设置 ·· 32

4–1 敞开楼梯何时可作为室内疏散楼梯? ··········· 32

4–2 非封闭楼梯间何时可作为疏散楼梯? ··········· 32

4–3 10 层和 11 层单元式高层住宅设置非封闭楼梯间
应符合哪些条件? ·································· 33

4–4 ≥ 19 层的单元式住宅,可以设置剪刀梯及

"三合一"前室吗? …………………………………… 34

4-5 仅屋顶开窗的楼梯间可视为封闭楼梯间吗? …… 35

4-6 如何确定地下、半地下室疏散的类型? ………… 36

4-7 地下、半地下室的封闭楼梯间,如何满足
　　　自然通风和采光的要求? …………………………… 37

4-8 地下室的封闭楼梯间在首层有直接对外出口,
　　　可视为已满足自然通风和采光要求吗? ………… 38

4-9 防烟楼梯间前室内可以布置普通电梯吗? ……… 39

4-10 防烟楼梯间前室、消防电梯前室以及二者合用
　　　前室的最小面积均应为使用面积吗? ………… 39

4-11 两个相邻防火分区可以合用一部疏散
　　　楼梯间吗? …………………………………… 40

4-12 自动扶梯可以作为安全疏散设施吗? ………… 40

4-13 《建规》第 5.3.5 条第 3 款规定:"超过
　　　2 层的商店等人员密集的公共建筑应采用室内
　　　封闭楼梯间"。其中"人员密集的公共建筑"
　　　指哪些建筑? …………………………………… 41

4-14 管道井何时可向楼梯间和防烟前室开门? ……… 41

4-15 疏散楼梯间何时应通至屋顶? ………………… 42

4-16 剪刀梯只能用于塔式高层建筑吗? ………… 44

4-17 宿舍建筑的疏散楼梯如何选型? 每 100 人
　　　疏散净宽度指标应取何值? ………………… 45

4-18 2~9 层住宅楼梯间的形式与数量如何确定? …… 46

4-19 高层塔式住宅楼梯间形式与数量如何确定? … 46

4-20 高层单元式住宅楼梯间形式与数量如何确定? … 48

4-21 高层通廊式住宅楼梯间形式与数量如何确定? … 50

5　建筑构造 ·· 52

5-1　窗槛墙的最小高度是多少? ························· 52

5-2　规范对窗间墙宽度有哪些限定? ··············· 54

5-3　人防门能兼作防火门吗? ···························· 55

5-4　通向封闭楼梯间的门何时可选用双向弹簧门? ··· 56

5-5　消防电梯前室的门可以选用防火卷帘门吗? ····· 56

5-6　楼梯间或前室在首层或屋面开向室外的门
　　　应是普通门吗? ·· 57

5-7　户门兼防火门时,如何确定开启方向? ······· 58

5-8　防火分区之间防火墙上的防火门如何确定
　　　开启方向? ··· 58

5-9　电缆井、管道井应在每层楼板处封堵吗? ········ 59

5-10　楼梯间的墙应是防火墙吗? ······················ 59

5-11　屋面上相邻的天窗之间,以及相邻的天窗
　　　　与外墙门窗之间,其净距有限定吗? ········ 60

5-12　住宅户门为防火门时应具有自闭功能吗? ········ 60

6　电梯、设备用房、库房 ··································· 62

6-1　消防电梯可以不到地下层吗? ···················· 62

6-2　公共建筑中的客、货梯和空调机房可以直接
　　　开向营业厅、展厅吗? ······························ 62

6-3　电梯机房的门应如何设置? ························· 63

6-4　变配电所位于高层建筑地下一层时,应设置
　　　独立的出口吗? ·· 64

6-5　变配电所与其他部位隔墙上的门应
　　　为何级防火门? ···································· 64

6–6 多层建筑内消防水泵房的门可为
乙级防火门吗？ ································ 65

6–7 民用建筑地下室内库房的门应为防火门吗？ ····· 66

6–8 消防控制室的内门应为何级防火门？ ········ 66

6–9 锅炉房、变压器室、厨房外墙洞口上方何时
可不做防火挑檐？ ························ 67

6–10 锅炉房的火灾危险性分类属于何种类别？ ······· 68

7 地下汽车库 ······································· 69

7–1 地下汽车库防火分区之间隔墙上的防火门
可以作为人员疏散的第二安全出口吗？ ·········· 69

7–2 地下汽车库与住宅地下室相通时，汽车库的
人员疏散可以借用住宅楼梯吗？ ··············· 70

7–3 如何确定地下汽车库汽车疏散出口的数量
和宽度？ ······························ 71

7–4 地下汽车库防火分区内可否划入
非汽车库用房？ ·························· 72

7–5 汽车库的楼地面可做排水明沟吗？ ········ 73

7–6 能在地下汽车库顶板下粘贴 XPS 或 EPS 板
做保温层吗？ ··························· 74

8 商店、歌舞娱乐放映游艺场所 ················· 75

8–1 商店防火设计有哪些主要规定？ ········ 75

8–2 计算商店安全疏散宽度时，营业厅的建筑面积
应如何取值？ ··························· 79

8–3 涉及高层建筑的商店，其地上层的每 100 人
疏散净宽度指标应取何值？ ··············· 79

8-4 地下商店地面与地上出口地坪的高差 ≤ 10m 时，
其每 100 人疏散净宽度指标应为 0.75m

还是 1.0m？ ···································· 80

8-5 商住楼内商店与住宅部分应采用
防火墙分隔吗？ ······························· 81

8-6 歌舞娱乐放映游艺场所主要指
哪些室内场所？ ······························· 82

8-7 歌舞娱乐放映游艺场所的防火设计有
哪些主要规定？ ······························· 82

8-8 在高层旅馆、公寓主体的楼层内，设有自用
的购物、餐饮、文娱等场所时，该层的安全
疏散宽度如何计算？ ························· 84

8-9 地下商场、公共娱乐场所和汽车库兼作人
防工程时，其防火设计应执行什么规范？ ·········· 85

9 防火间距和消防救援 ······························· 86

9-1 相邻外墙采取防火措施后，防火间距的减少值
如何确定？ ···································· 86

9-2 消防车道与建筑外墙之间的最小距离
有规定吗？ ···································· 87

9-3 尽端式消防车道回车场的尺寸如何确定？ ·········· 88

9-4 高层住宅可以仅沿 1 个长边设置
消防车道吗？ ································· 88

9-5 因条件限制，高层建筑可以间断设置外墙扑
救面满足规定长度吗？ ······················· 89

9-6 住宅建筑何时应设置消防电梯？ ·········· 89

1 术语、建筑分类和耐火等级

1–1 何谓中庭?

答：未见规范明确定义。

（1）《建规》第5.1.10条条文说明解释为："从建筑设计看，中庭、四季庭、共享空间，都是贯通数个楼层，甚至从首层直通顶层，四周与建筑物楼层廊道或窗口连接"。

（2）《高规》第5.1.5条条文说明称："……今天的'中庭'还没有确切的定义，也有称'四季庭'或'共享空间'的"。

（3）新《建规》（意见稿）规定：当用防火卷帘分隔防火分区时，将对防火卷帘的宽度有所限定，但在"中庭"处除外。因此明确"中庭"的含义就很有必要。

1–2 何谓"非封闭楼梯间"和"敞开楼梯"?

答：未见规范明确定义。

（1）《建规》第2.0.18条对"封闭楼梯间"的定义如下："用建筑构配件分隔，能防止烟气和热气进入的楼梯间"。其建筑构配件系指：耐火极限 ≥ 2.00h 的不燃烧体（一、二级耐火等级时）、乙级防火门和外门、窗。

（2）对于"非封闭楼梯间"（或称"敞开楼梯间"），规范中未见明确定义。现参照"封闭楼梯间"的定义界定如下："仅出入口一侧未用建筑构配件分隔的楼梯间称为非封闭楼梯间（有大梯井者应用耐火极限 ≥ 2.00h 的不燃墙体将梯井围合）"。

（3）同理，对于"敞开楼梯"则可定义为："有两侧或两侧以上未用建筑构配件分割的楼梯称为敞开楼梯"。

（4）非封闭楼梯间由于一侧开敞，显然无法阻止烟气和热气进入。但因梯段两侧有隔墙阻焰，并有外窗自然通风和采光，故在限定的层数内可作疏散楼梯，防火分区仍可分层计算面积。而敞开楼梯已基本不具备上述防火措施，其防火分区则应各层叠加计算面积。故仅在特定的条件下才可作为疏散楼梯（如跃层户内和商业网点内的楼梯）。

1-3　公寓和宿舍属于居住建筑吗？

答：就防火设计而言，住宅式公寓应属于居住建筑，宿舍应属于公共建筑。

（1）《通则》第2.0.2条对居住建筑的定义为："供人们居住使用的建筑物"。但未明确具体包括哪些建筑物。

（2）《严寒和寒冷地区居住建筑节能设计标准》第1.0.2条条文说明则解释为："居住建筑包括：住宅、集体宿舍、住宅式公寓、商住楼的住宅部分"。言外也即：旅馆式公寓或公寓式旅馆则应列入公共建筑。

（3）《宿舍建筑设计规范》第2.0.1条对"宿舍"的定义为："有集中管理且供单身人士使用的居住建筑"。新《建规》（意见稿）虽然在建筑分类表中将宿舍建筑归入居住建筑，但在相关条文中又规定："宿舍建筑的安全出口和各房间疏散门的设置应符合有关公共建筑的规定。"因此就防火设计而言，宿舍应属于公共建筑。

（4）遗憾的是：在现行的防火规范中，对公寓和宿舍如何界定其建筑类别尚无明确的条文规定。

1-4　如何界定"商业服务网点"？

答：必须符合下列条件。

（1）根据《建规》第 2.0.14 条和《高规》第 2.0.17 条，"商业服务网点"应符合下述规定：

①位于多层居住建筑和高层住宅的首层或首层及二层；

②建筑总面积 ≤ 300m²；

③限于设置百货店、副食店、粮店、邮政所、储蓄所、理发店等小型营业用房；

④应采用耐火极限 ≥ 1.5h 的楼板和耐火极限 ≥ 2.0h 的无门窗洞口的隔墙与居住部分及其他用房完全分隔（含商业服务网点之间的隔墙，见《建规图示》和《高规图示》）；

⑤其安全出口、疏散楼梯与居住部分的安全出口、疏散楼梯应分别独立设置。

（2）按照上述条件，则可判定位于多层居住建筑或高层住宅下列层位的商铺不能视为"商业服务网点"。

①位于首层和地下一层者；

②仅位于二层者；

③位于首层和二层，并在地下一层设有相通仓库者；

④位于首层（或首层及二层），并在二层（或三层）设有自用住宅且通过简易楼梯经营业用房进出者；

⑤"商业服务网点"之间为防火墙但开甲级防火门相通者。

（3）对于沿街独立建造的二层小型商铺，其上方无居住楼层，因而不存在居住与商业部分火灾时相互殃及的问题，其火灾的危害性低于"商业服务网点"，故可按后者的相关规定进行防火设计，但仍应征得消防审批部门的认可。

同理，"商业服务网点"沿多层居住建筑或高层住宅两侧或前后向外延伸的部分，也应适用。

（4）至于在多层及高层公共建筑（如旅馆、商场）沿街一、二层设置的店铺，可否按照商业服务网点的规定进行防火设计，则更应征得消防审批部门的认可。

1–5　高级住宅应属于几类建筑?

答：属于二类建筑。

（1）高级住宅的定义为："建筑装修标准高和设有空气调节系统的住宅"（《高规》第2.0.11条）。但在《高规》表3.0.1的一类建筑中并不含此类居住建筑，故高级住宅应属于二类建筑。

（2）然而在《高规》第3.0.1条的条文说明中仍提及"高级住宅"。其原因在于：《高规》2005年修订表3.0.1时将高级住宅从一类建筑中取消，但条文说明和第2.0.11条的相关内容未同步删除。

（3）在新《建规》（意见稿）的术语及建筑分类中均无"高级住宅"，也即将住宅分为"高级住宅"和"普通住宅"已无意义。

1–6　人员密集的公共建筑如何界定?

答：见《建规》第5.3.15条条文说明。

（1）根据《建规》第5.3.15条条文说明，人员密集的公共建筑主要指：设置有同一时间内聚集人数超过 50 人的公共活动场所的建筑。如宾馆、饭店；商场、市场；体育场馆、会堂、公共展览馆的展览厅；证券交易厅；公共娱乐场所；医院的门诊楼、病房楼；养老院、托儿所、幼儿园；学校的教学楼、图书馆和集体宿舍；公共图书馆的阅览室；客运车站、码头、民用机场的候车、候船、候机厅（楼）等。其中公共娱乐场所详见 8-5。

（2）上述建筑虽然均属人员密集场所，但以下各点并不相同：

①厅室的空间大小和开敞程度；

②建筑耐火等级和室内装修材料燃烧性能等级和数量；

③使用功能的特点；

④人员总数量、瞬时人流量、单位密集程度和停留时间；

⑤疏散距离和疏散路线是否明确、顺畅与熟悉；

⑥人员自我逃生的能力。

因此，对于不同的人员密集场所建筑，相关的下述防火设计规定也存在差异，应以相应的规范条文为准。

①建筑耐火等级和室内装修材料燃烧性能等级的限值；

②防火间距和隔断措施；

③疏散楼梯的类型与数量；

④安全疏散距离的限值；

⑤安全疏散宽度的指标与计算方法；

⑥自动报警和灭火系统以及防、排烟设施的设置要求。

具体实例可参见 4-13 和 4-17。

1-7　屋顶坡度较大时，建筑高度如何计算？

答：按设计地面至檐口与屋脊的平均高度计算。

（1）《建规》第1.0.2条条文说明第5款第1项称："对于坡屋顶建筑，其建筑高度一般按设计地面至檐口的高度计算。存在多个檐口高度时，则要按其中的最大值计算。但如果屋面坡度较大时，则应按设计地面至檐口与屋脊的平均高度计算"。但未给出屋面"坡度较大"的临界值。

（2）《北京市建筑设计技术细则·建筑专业》第2.1.3-3条规定："坡屋顶坡度＞30°时，按室外地坪至建筑物屋檐和屋脊的平均高度计算"建筑高度。但系规划控制数值，可否用于防火设计，尚应取得消防部门的认可。

1-8　建筑屋顶局部突出部分的面积比例＞1/4时，仍不计入建筑高度吗？

答：仍不计入防火设计的建筑高度。

（1）《建规》第1.0.2条注1规定："……局部突出屋顶的瞭望塔、冷却塔、水箱间、微波天线间或设施、电梯机房、排风和排烟机房以及楼梯出口小间等，可不计入建筑高度"。

《高规》第2.0.2条的规定与《建规》相同，且二者对局部突出屋顶部分均无面积比例限定。

（2）《通则》第4.3.2-2条规定："局部突出屋面的楼梯间、电梯机房、水箱间等辅助用房占屋顶平面面积不超过1/4者"可不计入建筑高度。但该条规定系用于城市规划的建筑高度控制，与防火设计建筑高度计算的目的不同、范畴各异，不能通用。

1-9 顶层户内跃一层的（9+1）层、（11+1）层和（18+1）层住宅如何计算其建筑层数?

答:《住建规》的计算规定未获得《建规》和《高规》的完全认同,应按消防部门的意见执行。

(1)《住建规》第9.1.6条注1和注2规定:"当住宅与其他功能空间处于同一建筑内时,应将住宅部分的层数与其他功能空间的层数叠加计算建筑层数"。"当建筑中有一层或若干层的层高超过3m时,应对这些层数按其高度的总和除以3m进行层数折算,余数不足1.5m时,余出部分不计入建筑层数;余数大于或等于1.5m时,余数部分按一层计算"。

如按此规定,当住宅顶部户内跃一层时,该跃层仍按一层计入建筑总层数。也即(9+1)层、(11+1)层和(18+1)层应按10层、12层和19层计。

(2)在《建规》第1.0.2条条文说明中,虽然同意"对于住宅建筑中层高超过3m的楼层,其防火设计的层数确定可按《住建规》的规定计算"。但在该条正文中仍规定:"住宅顶部为2层一套的跃层,可按1层计,其他部位的跃层以及顶部多于2层一套的跃层应计入层数"。

(3)在《高规图示》1.0.3图示1中,也仅表明:"对于9层顶部户内跃1层的10层居住建筑,可按9层计算,应执行《建规》的规定"。至于>10层的住宅,当顶部为两层一套的跃层户时,是否也可按1层计算层数,《高规》无明文规定。

(4)综上可知:

①《住建规》对住宅建筑层数的计算规则,尚未获得《建规》和《高规》的完全认可。

②《建规》和《高规》均认可：顶部为户内跃一层的（9+1）层住宅可按9层计算，仍执行《建规》的相关规定。

③顶部为户内跃一层的（11+1）层和（18+1）层住宅如何计算其建筑层数，《高规》无规定。

④如（11+1）层住宅可按11层计算建筑层数，则可不设置消防电梯，且单元式高层住宅当户门为乙级防火门、楼梯是有天然采光和通风时，仍可为非封闭楼梯间。同理，如（18+1）层按18层计算建筑层数，则可不设防烟楼梯间。

上述作法对住宅的平面布置和经济性影响较大，如何计算建筑层数，应尽早获得消防部门的认可，以免返工。

1-10　高层住宅仍应进行建筑分类吗？

答：仍需要。

（1）《住建规》对所有住宅均不进行建筑分类和防火分区，直接用住宅的耐火等级限定其建造层数。该规范第9.2.2条规定，当住宅的耐火等级为一、二、三和四级时，最多允许建造的层数相应为：≥19层、18层、9层和3层。

《建规》对厂房、仓库和多层民用建筑也均不进行建筑分类，直接用该建筑的耐火等级限定其建造层数和防火分区的最大面积（表3.3.1、3.3.2和表5.1.7）。且在第5.1.1条条文说明4和《建规图示》5.1.7图示1~3中称：≤9层的不同耐火等级住宅的最多允许建造层数应执行《住建规》的规定。

（2）《高规》对高层民用建筑（含高层住宅和商住楼）首先进行建筑分类（表3.0.1），再按其类别确定其耐火等级（第3.0.4条）和防火分区的最大面积（表5.1.1和表6.1.1），以及设备专业消防措施的标准。

　　鉴于《高规》与《住建规》关于住宅的规定差异较大且未协调，故高层住宅仍应按《高规》的规定进行建筑分类，即≥19层者为一类、10~18层者为二类。

1-11　商住楼属于公共建筑吗？

　　答：是的。

　　（1）根据《高规》表3.0.1：商住楼属于公共建筑。

　　（2）但商住楼的住宅部分，仍应执行《建规》《高规》和《住建规》的相关规定。

1-12　住宅建筑构件的燃烧性能和耐火极限应执行哪个规定？

　　答：执行《住建规》的规定即可。

　　（1）《建规》表5.1.1注5规定："住宅建筑构件的耐火极限和燃烧性能可按《住建规》的规定执行"。

　　（2）《高规》表3.0.2虽未明确高层住宅的燃烧性能和耐火极限可执行《住建规》表9.2.1的规定，但两表的对应数据相同，故可通用。

　　（3）因此，对于住宅建筑不论层数，其建筑构件的燃烧性能和耐火极限均可执行《住建规》表9.2.1的规定，但应注意以下三点：

　　①表中的"不燃性"和"难燃性"，在《建规》和《高规》中仍用"不燃烧体"和"难燃烧体"表述；

②表中无"可燃性"建筑构件；

③表中无"吊顶"项目的相应数据,仍需参见《建规》表 5.1.1;

④表中的外墙均不包括外保温层在内。

1-13　在《建装规》表3.2.1、表3.3.1和表3.4.1中，"装饰织物"和"其他装饰材料"系指何物?

答：见该规范第 2.0.1 条附注。

（1）装饰织物：系指窗帘、帷幕、床罩、家具包布等。

其他装饰材料：系指楼梯扶手、挂镜线、踢脚板、窗帘盒、暖气罩等。

（2）在建筑施工图设计时，后者多与建筑用料的选用有关，应注意必须符合《建装规》相应规定的装饰材料燃烧性能等级。

2 防火分区

2-1 单元式住宅的每个单元就是一个防火分区吗？

答：不是。

（1）如果单元式住宅每个单元即为一个防火分区，则单元之间均应为防火墙。但《住建规》表 9.2.1、《建规》表 5.1.1 和《高规》表 3.0.2 中均只要求单元之间隔墙的燃烧性能和耐火极限，由一级至四级依次为：不燃烧体 2.00h、2.00h、1.50h 和难燃烧体 1.00h。而不是 3.00h 的非燃烧体防火墙。

再有，如单元间为防火墙，则根据《建规》第 7.1.3 和 7.1.4 条、《高规》第 5.2.1 和 5.2.2 条，防火墙两侧门、窗的净距离应 ≥ 2m（内转角处应 ≥ 4m），否则应设置乙级防火门窗。但设计时并无此做法。

（2）《高规》第 6.1.1.2 条中虽有单元间应设防火墙的规定，但系指 10~18 层的多单元住宅，当相邻楼梯间不设连廊时，每个单元设置 1 部疏散楼梯间的条件之一，而不是对单元式住宅的普遍性要求。

2-2 住宅建筑可以不划分防火分区吗？

答：尚存争议。

（1）《住建规》在其第 9.2.2 条的条文说明中称："考虑到住宅的分隔特点及其火灾特点，本规范强调住宅建筑户与户之间、单元与单元之间的防火分隔要求，不再对防火分区做出规定。"

但该规范本身就此理念并无具体措施，其他规范也未完全认同和体现。况且对于类似办公楼平面的通廊式（特别是内通廊式）住宅，该理念也似有不妥，故难以执行。

（2）又如：单元式住宅的每个单元不是一个防火分区，因此当一栋单元式住宅任意一层的总建筑面积大于相应的防火分区限值时，则应划分防火分区，在单元间设置防火墙，然而对此并未见相关规范的明文规定。

2-3 地下自行车和摩托车库防火分区的最大面积是多少？

答：自行车库为 1000m^2、摩托车为 500m^2。有自动灭火系统时增加一倍。

其根据为：《人防防火规范》第 4.1.4 条条文说明称："自行车库属于戊类物品库，摩托车库属于丁类物品库"。而该规范表 4.1.4 和《建规》表 3.3.2 又规定，对于耐火等级为一、二级的地下戊类（丁类）库房，其防火分区允许的最大建筑面积为 1000m^2（500m^2），当有自动灭火系统时增到 2000m^2（1000m^2）。

2-4 位于地下室内的冰场、游泳池、靶道区、球道区的面积可以不计入防火分区面积吗？

答：可以。

（1）《人防防火规范》第 4.1.3 条规定："溜冰馆的冰场、游泳馆的游泳池、射击馆的靶道区、保龄球馆的球道区等，其面积可不计入溜冰馆、游泳馆、射击馆、保龄球馆的防火分区面积内。溜冰馆的冰场、游泳馆的游泳池、射击馆的靶道区等，其装修材料应采用 A 级"。

其理由为：在冰场、泳池内无可燃物，在靶道区和球道区内无人停留（参见该条条文说明）。据此可推论：水泵房内的蓄水池、室内滑雪场的滑道区，其面积也可不计入防火分区面积内。

由于除地下汽车库、商场、戊类库房等外，一般地下层的防火分区面积最大为 1000m² （有喷淋时），而上述馆场面积均较大，故该项规定在确保安全的同时可简化防火措施和设计。

（2）《人防防火规范》是针对位于地下的人防工程在平时使用时的防火规定。因此，对于仅供平时使用的也位于地下的保龄球馆、游泳馆等完全可以参照执行，况且后者的防火措施、疏散条件多优于前者，应无不妥。

2-5 楼梯间、消防电梯、防烟前室的面积，可以不计入防火分区面积吗？

答：不可以。

（1）《建规》和《高规》虽对此尚无明文规定，但在设计中均将楼梯间、消防电梯、防烟前室的面积计入防火分区面积内。因为对防火分区功能的理解不能仅限于"在一定时间内防止火灾向同一建筑的其余部分蔓延"，区内设置的楼梯间、消防电梯、防烟前室还承担着安全疏散和消防扑救的功能，三者一体，缺一不可。

（2）楼梯间和防烟前室虽然是相对安全的空间，但其隔墙仅是耐火极限 ≥ 2.0h 的不燃墙体，而不是防火墙。因此它仍属于防火分区内火灾可以蔓延进入的空间，只是时间推迟，用以确保人员疏散。也即它仍属于防火分区的范围，而非独立的"特区"，其面积自然应计入防火分区之内。

（3）将该面积不计入防火分区的目的，多是避免防火分区面积超限。其实防火分区的限值是基于经验的总结，因此超出5%左右并非不可，但需获得消防部门的同意。

2-6　对于设置非封闭楼梯间的楼层，其防火分区面积应叠加计算吗？

答：不需要。

（1）前已述及，"非封闭楼梯间"不等同于"敞开楼梯"，前者基本具备安全疏散的功能，而后者则通常被视为层间的开口。因此，《建规》第5.1.9条和《高规》第5.1.4条均只规定："当设置自动扶梯、敞开楼梯等上下层相连通的开口时，其防火分区面积应按上下层连通的面积叠加计算"。其中的开口部位不含"非封闭楼梯间"。

（2）《建规》表5.1.7规定了多层民用建筑不同耐火等级时，最多允许层数和防火分区的最大允许建筑面积。并在该条条文说明中称："表中所指防火分区的最大允许建筑面积为每层的水平防火分隔的建筑面积"。且与疏散楼梯的形式无关。

（3）举例说明如下：拟建一座一级耐火等级的五层办公楼，其进深15m长60m，每层建筑面积为15m×60m=900m²，总建筑面积为5×900m²=4500m²。根据《建规》第5.3.5条的规定可设置非封闭楼梯间，如按五层建筑面积叠加计算防火分区面积，则因防火分区限值2500m² < 4500m²，需划分为2个防火分区。又根据《建规》第5.3.2条，每个防火分区的每个楼层，其安全出口不应少于2个，则应设置4个疏散楼梯间，间距仅为20m，

显然不合理。因此，不应五层叠加计算防火分区的面积，应按每层为一个防火分区，其建筑面积 $900m^2 < 2500m^2$，故设置两部疏散楼梯即可。

2–7 防火分区可以跨沉降缝吗？

答：地下室兼人防工程时，防火分区不宜跨沉降缝。

（1）《人防防火规范》第 4.1.1–4 条规定："防火分区的划分宜与防护单元相结合"。

又：《人防设计规范》第 4.11.4 条规定：

①防护单元内不宜设置沉降缝、伸缩缝；

②上部地面建筑需设置伸缩缝、防震缝时，防空地下室可不设置。

综上可知：地下室兼人防工程时，防火分区不宜跨沉降缝。

（2）其他规范对此均无限制性规定条文。

3 安全疏散

3-1 公共建筑直通疏散走道的房门至最近安全出口的最大距离因何而定?

答:根据该公共建筑的类型、层数、耐火等级和房间所在的平面位置而定。

(1)其最大距离分别列于《建规》表 5.3.13 和《高规》表 6.1.5 和第 6.1.7 条。为查阅方便,可将两表合并表示为表 3-1:

公共建筑直通疏散走道的房间疏散门至
最近安全出口的最大距离(m) 表 3-1

名称		位于两个安全出口之间的疏散门			位于袋形走道两侧或尽端的疏散门		
		耐火等级			耐火等级		
		一、二级	三级	四级	一、二级	三级	四级
托儿所、幼儿园		25	20	—	20	15	
单层或多层医院、疗养院		35	30	—	20	15	
高层医院疗养院	病房部分	24	—	—	12	—	
	其他部分	30	—	—	15	—	
单层或多层教学建筑		35	30	—	22	20	
高层旅馆、展览或教学建筑		30			15		
其他建筑	单层或多层	40	35	25	22	20	15
	高层	40	—	—	20	—	

注: ① 一、二级耐火等级的建筑内的观众厅、展览厅、多功能厅、餐厅、营业厅和阅览室等,当该场所直通安全出口时,其室内任何一点至最近安全出口的直线距离不宜大于 30m;
②开敞式外廊建筑的房间疏散门至安全出口的最大距离可按本表增加 5m;
③建筑物内全部设置自动喷水灭火系统时,其安全疏散距离可按本表及表注1的规定增加 25%;
④多层建筑物内房间疏散门至最近非封闭楼梯间的距离,当房间位于两个楼梯间之间时,应按本表的规定减少 5m;当房间位于袋形走道两侧或尽端时,应按本表的规定减少 2m。

（2）本表同样适用于地下室。

（3）注②、③《高规》无相应条文，故有争议，详见3-2。

3-2 高层建筑有喷水灭火系统时，疏散距离的限值可以增加吗？

答：尚存争议。

（1）《建规》表5.3.13注2规定："敞开式外廊建筑的房间疏散门至安全出口的最大距离可按本表增加5m"。同表注3规定："建筑物内全部设置自动喷水灭火系统时，其安全疏散距离可按本表和注1的规定增加25%。"

由于《高规》无相应条文，故有人认为不适用于高层民用建筑。但在新《建规》（意见稿）中仍有该二项规定，且无建筑层数的限制，故也有人认为应含高层民用建筑在内。

（2）《建规》和《高规》关于安全疏散距离的规定均包括地下层在内，并无层位之分。但有人认为也不能用于地下层，不知根据何在？

（3）应注意的是：执行注3规定的条件为："建筑物内全部设置自动喷水灭火系统时"。因此，仅走道或相关的厅、室局部设置时，仍不能增加疏散距离的限值。

3-3 在连接两个安全出口的主走道上，又有与其相通的袋形支道。请问该袋形支道两侧或尽端房间的安全疏散距离如何计算？

答：可按 $a+2b \leqslant c$ 计算（图3-3），式中：

a——主走道与袋形支道中心线交点至最近安全出口的距离；

b——袋形支道两侧或尽端房间疏散门至上述交点的距离；

c——位于两个安全出口之间的疏散门至最近安全出口允许的最大距离，其限值见表3-1。

（1）式中的"$2b$"系根据"人员疏散时，有可能在惊慌失措的情况下，会跑向袋形走道的尽端，发现此路不通时掉转方向再找疏散楼梯口"所走的距离（参见《高规》第6.1.5条条文说明）。

（2）此计算方法未见于《建规》和《高规》条文、条文说明及图示。但在《建筑设计资料集》（第二版）第一册第112页中有图解。

（3）用此计算方法所得的$a+b$值，可大于袋形走道两侧或尽端疏散门至最近安全出口的最大距离（见表3-1）。如小于该值则无需用此方法计算。

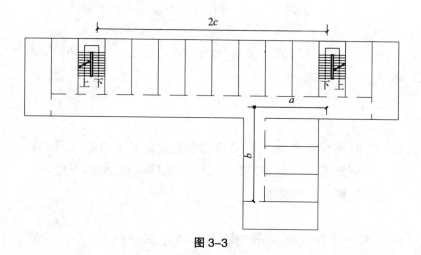

图3-3

3-4 房间疏散门至最近安全出口的最大距离，以及两个相邻安全出口间的最小距离均应为净距吗？

答：是的。

（1）均系指上述两个相邻洞口最近边缘之间的水平距离。见《建规图示》第 5.1.13 条和第 5.3.1 条，以及《高规图示》第 6.1.5 条。

（2）在公共建筑和通廊式非住宅类居住建筑中，同一房间内相邻疏散门之间的最小距离（5m）也系指净距（见《建规图示》第 5.3.8 条）。

3-5 设置敞开楼梯的两层商业服务网点如何界定其最大疏散距离？

答：规范尚无明确规定。

根据《建规图示》第 2.0.14 条和《高规图示》第 2.0.17 条，当商业服务网点为两层时，室内设一部敞开的疏散楼梯即可。但从二层最远点至一层对外安全出口的最大疏散距离如何界定，各规范中均未明确规定。

（1）如将商业服务网点视同普通商店的营业厅，则根据《建规》表 5.3.13 注 1 和《高规》第 6.1.7 条，其最大疏散距离不宜大于 30m（《建规》尚规定有喷淋时可增至 37.5m）。

至于《商店建筑设计规范》第 4.2.1 条关于"营业厅内任何一点至最近安全出口直线距离不宜超过 20m"的规定，因规范制定于 1989 年，目前多执行《建规》和《高规》规定的 30m 限值。

（2）如商业服务网点位于多层居住建筑的一、二层，则有人认为应执行《建规》第5.3.13-4条的规定："房间内任一点到该房间直接通向疏散走道的疏散门的距离，不应大于表5.3.13规定的袋形走道两侧或尽端的疏散门至安全出口的最大距离"，即按"其他民用建筑"应取22m（一、二级耐火等级者）。

同样，当商业服务网点位于高层住宅的一、二层时，相应需执行《高规》第6.1.7条的规定："……其他房间内最远一点至房间门的直线距离，不宜超过15m"。

但商业服务网点的使用功能、空间尺度和疏散路径，毕竟更接近商店的营业厅，与经过走道再疏散至安全出口的一般房间区别明显较大。

（3）综上所述，笔者认为：设有敞开楼梯的两层商业服务网点，其最大疏散距离宜执行《建规》和《高规》的规定（30m）。其敞开楼梯的计算距离，可参照《建规》表5.3.13注4取其投影长度。

3-6　两层商业服务网点室内楼梯的净宽也应≥1.4m吗？

答：不一定，但应≥1.1m。

（1）《建规》第2.0.14条和《高规》第2.0.17条及二者的条文说明中均未涉及，在二者的相应《图示》中也仅表示为开敞楼梯，并未限定楼梯宽度。

《商设规》第3.1.6条虽然明确规定：营业部分的公共楼梯净宽应≥1.4m，但是否适用于商业服务网点尚存争议。

（2）《技术措施》第8.3.7条第1项第4款的附注则

规定：当确保二层营业用房内人数不会在同一时间内聚集人数＞50人时，商业服务网点的室内楼梯净宽可＜1.4m，但应≥1.1m。

3-7 相邻防火分区之间防火墙上的防火门何时可作第二安全出口？

答：位于地下、半地下室者一般均可以；位于地上层者仅在特殊情况下才允许。

（1）《建规》第5.3.12条规定：地下、半地下建筑（室）"当平面上有2个或2个以上防火分区相邻布置时，每个防火分区可利用防火墙上1个通向相邻分区的防火门作第二安全出口，但必须有1个直通室外的安全出口"。

《高规》第6.1.12.1条的规定与《建规》相同，仅措词有异，且在其条说明中指出："考虑到相邻两个防火分区同时发生火灾的可能性较小，因此相邻分区之间防火墙的防火门可用作第二安全出口"。

但执行时尚应注意以下三点：

①《建规》第5.1.13-5条规定："当地下商店总建筑面积大于20000m²时，应采用不开设门窗洞口的防火墙分隔。相邻区域确需要局部连通时，应选择采取下列措施进行防火分隔"。如下沉式广场等室外开敞空间、防火隔间、避难走道、防烟楼梯间等（详见《建规图示》第5.1.13条）。《高规》第4.1.5B.4条的规定与《建规》基本相同，故从略。

②对于地下汽车库可否将相邻防火分区之间防火墙上的防火门作为人员疏散的第二安全出口？详见第7-1条。

③供平时使用的人防工程，其防火分区的划分及安全出口的设置，由于特殊要求较多，应按《人防防火规范》的规定执行。

（2）对于建筑物的地上层，防火分区之间防火墙上的防火门，一般不能作为第二安全出口。仅《高规》第6.1.1.3条规定：当一类（或二类）高层建筑内，除地下室外，相邻两个防火分区的建筑面积之和不超过 $1400m^2$（或 $2100m^2$）时，每个防火分区可设一个直通室外的安全出口。并注释称：不论有无自动灭火系统，其相邻两个防火分区建筑面积之和的限值不变。

但是，根据《高规》第5.1.1条的规定：当有自动灭火系统时，一类（或二类）高层建筑防火分区的最大面积可增至 $2 \times 1000m^2 = 2000m^2$（或 $2 \times 1500m^2 = 3000m^2$），远大于 $1400m^2$，已无必要划分为两个相邻的防火分区（除非有特殊的防火分隔要求时，如图书馆、档案馆等）。

（3）当相邻防火分区之间防火墙上的防火门作为第二安全出口时，则疏散距离的计算，自然可与楼梯间一样作为起始点。

3-8　封闭楼梯间或防烟楼梯间前室的门可以直接开向大空间的厅堂吗？

答：可以。

《高规》第6.2.5.1条规定："楼梯间及防烟楼梯间前室的内墙上，除开设通向公共走道的疏散门和本规范第6.1.3条规定的户门外，不应开设其他门、窗洞口"。该规定的实质是：其他房间和管道井不得向楼梯间和前室开门。但不能据此推论：因楼梯间和前室仅能向"公共走道"开设疏散门，而不能直接开向大空间的厅堂（如营业厅、餐厅等），为此二者之间应增设"公共走道"。这种理解和要求显然违背了疏散路径应明显和直接的原则，似无必要，其理由如下：

（1）《建规》第7.4.2-3条对于封闭楼梯间的相应规定为："除楼梯间的门之外，楼梯间的内墙上不应开设其他门窗洞口"。同样，其第7.4.3-5条对防烟楼梯间也规定："除楼梯间门和前室门外，防烟楼梯间及其前室的内墙上不应开设其他门窗洞口（住宅的楼梯间前室除外）"。该两条规定均未涉及楼梯间和前室的门应通向"公共走道"。其表述比《高规》第6.2.5.1条较为准确。此外，新《建规》（意见稿）相应条文也与其相同。

（2）作为"旁证"，在《建规图示》第43、44、45、63、67页和《高规图示》第31、62、66、67、76页图示中，封闭楼梯间和防烟楼梯间前室的门均直接开向大空间的厅堂，并未增设"公共走道"。

3-9 公共建筑的房间疏散门何时可设1个？

答：根据《建规》和《高规》相关条文的规定，其设置条件见表3-9。

3-10 在公共建筑的地上层内，疏散走道上的防火分区隔墙处设有防火门，该防火门到疏散楼梯的距离应按袋形走道尽端房门控制吗？

答：不是。应按位于两个安全出口之间的房门对待。

（1）根据《高规》第5.4.2条，"防火门应为向疏散方向开

公共建筑房间设 1 个疏散门的条件

表 3-9

房间所在层位			建筑类型和房间用途	房间面积（m²）	限制人数（人）	室内最远点至疏散门的距离（m）	疏散门宽度（m）	依据的规范条文
地上层	安全出口之间的房间	高层	公共建筑	≤60		≤15	≥0.9	《高规》6.1.7和6.1.8
			位于四层和四层以上的歌舞娱乐放映游艺场所	≤50		15		《高规》4.1.5A.3和6.1.7
		多层	公共建筑和通廊式非住宅类居住建筑	≤120		不得>《建规》表5.3.13中规定的袋形走道尽端疏散门至安全出口的最大距离	≥0.9	《建规》5.3.8-1和5.3.13-4
			歌舞娱乐放映游艺场所	≤50				《建规》5.3.8-3和5.3.13-4
	走道尽端的房间	高层	公共建筑（含袋形走道两侧的房间）	≤75		≤15	≥1.4	《高规》6.1.7、6.1.8和《高规图示》6.1.8
		多层	公共建筑（托儿所、幼儿园和老年人建筑除外）		≤15	≤15	≥1.4	《建规》5.3.8-2
地下层			高层建筑（含位于地下一层的歌舞娱乐放映游艺场所）	≤50	≤15			《高规》6.1.12.2和4.1.5A.3
			多层建筑（含歌舞娱乐放映游艺场所）	≤50	≤15			《建规》5.3.12-3和4

注：表中空白处为相关规范条文无明确规定。

启的平开门，并在关闭后能从任何一侧手动开启"。故在火灾时，通过防火门仍可到达相邻的防火分区。

（2）根据《高规》第 6.1.12 条条文说明，相邻防火分区同时发生火灾的可能性较小。火灾时的人群不但直接可通过所在防火分区内的疏散楼梯逃生，也可以就近通过防火门逃至尚未发生火灾的相邻防火分区继续疏散。因此，位于防火门处人员的处境，与袋形走道尽端不同，仍可双向疏散，也即应按位于两安全出口之间的房门对待。

3–11　两个相邻的安全出口不在同一防火分区内也应相距 ≥5m吗？

答：也应相距 ≥ 5m。

（1）《建规》第 5.3.1 条规定："民用建筑的安全出口应分散布置。每个防火分区、一个防火分区的每个楼层，其相邻的 2 个安全出口最近边缘之间的水平距离不应小于 5m"。也即每个防火分区相邻的 2 个安全出口仍应相距 ≥ 5m。

（2）《高规》第 6.1.5 条则规定："高层建筑安全出口应分散布置，两个安全出口之间的距离不应小于 5m"。在该条条文说明中更明确指出："在同一建筑中楼梯出口距离不能太小，因为两个楼梯出口之间距离太近，安全出口集中，会使人流疏散不均匀而造成拥挤；还会因出口同时被烟堵，使人员不能脱离危险地区而造成人员重大伤亡事故"。其中泛指"在同一建筑中的楼梯出口"，而与楼梯出口是否在同一防火分区内无关。

（3）根据《高规》第 2.0.15 条，安全出口不仅指"保证人员安全疏散的楼梯",还包括"直通到室外地平面的出口"。但对于沿街毗连的小型商铺,要求相邻外门的距离 ≥ 5m,有时很难做到。是否按疏散门对待,尚需消防主管部门认定。

3-12 剪刀梯在首层必须分别设置两个对外出口吗?

答:是的。

剪刀梯实际是两部楼梯的套叠,因此在首层仍应分别设置各自的对外出口。否则只能使楼梯的疏散宽度加倍,而不能视为两个独立的安全出口。

(1)剪刀梯首层的两个安全出口与对外出口之间的距离如何确定,详见 3-13。

(2)还应提醒的是,剪刀梯首层两个室外出口的净距也应 ≥ 5m。

3-13 楼梯间在首层与对外出口的最大距离如何确定?

答:尚无统一且明确的规定。

楼梯间在首层主要通过三种做法将人员安全疏散到室外:

(1)楼梯间或前室直接向室外开门,系首选措施;

(2)经过门厅或走道通向室外出口,其距离尚无统一且明确的规范规定;

(3)形成扩大封闭楼梯间或扩大防烟前室,其面积和距离尚无限定。

现将相关规定摘要汇总见表 3-13。

楼梯间在首层与对外出口的最大距离   表 3-13

序号	规范条文内容摘要	条文号	附注
1	楼梯间在首层应设置直通室外的安全出口	《建规》5.3.13 《高规》6.2.6 《住建规》9.5.3	首选措施
2	住宅楼梯间在首层与对外出口的距离应 ≤ 15m	《住建规》9.5.3	用于住宅 （不论层数）
	建筑层数 ≤ 4 层时，楼梯间在首层与对外出口的距离应 ≤ 15m	《建规》5.3.13	用于 ≤ 4 层的民用建筑
	楼梯间在首层允许在短距离内通过公用门厅疏散到室外	《高规》6.2.6 条文说明	不是条文规定，且"短距离"无数值
	消防电梯前室在首层可通过长度 ≤ 30m 的通道通向室外（是否包括合用前室未明确）	《高规》6.3.3.3	有合用前室的建筑似可采用
3	楼梯间在首层可将走道和门厅等包在楼梯间内，形成扩大封闭楼梯间，但应采用乙级防火门等措施与其他走道和房间隔开	《建规》7.4.2 《高规》6.2.2.3	形成扩大封闭楼梯间，面积和距离未限定
	防烟楼梯间的首层可将走道和门厅包括在楼梯间前室内，形成扩大的防烟前室，但应采用乙级防火门等措施与其他走道和房间隔开	《建规》7.4.3	形成扩大防烟前室，面积和距离未限定。《高规》无条文规定
	一、二级耐火等级多层建筑的门厅，其相邻隔墙应采用耐火极限 ≥ 2.0h 的不燃体墙和乙级防火门窗	《建规》7.2.3-4	楼梯间直接与门厅相通时，实际形成扩大封闭楼梯间或扩大防烟前室

3-14 跃层式户型户内最远疏散距离的限值是多少？

答：多层与高层住宅的限值有别。

（1）《建规》第 5.3.13-4 条规定："房间内任一点到该房间

直接通向疏散走道的疏散门的距离，不应大于表 5.3.13 规定的袋形走道两侧或尽端疏散门至安全出口的距离"。对于一、二级耐火等级的多层住宅其值为 22m。

根据《建规图示》第 5.3.13 条图示 7，可知对于多层住宅，户内（含跃层式户型）最远房间内任一点至户门的距离应执行本条规定。

（2）《高规》第 6.1.7 条规定："其他房间内最远一点至房门的直线距离，不宜超过 15m"。

根据其条文说明可知：其"房门"含"户门"在内。故对于高层住宅，户内最远房间内任一点至户门的距离应执行本条规定。

由于跃层式户型该距离是从上层最远房间内任一点到下层户门，故经常大于 15m，且多难于再调整平面。但鉴于该条规定为"不宜"超过 15m，因此建议：经审批单位认可后可执行新《建规》（意见稿）的相应限值为 20m（一、二级耐火等级者）。

（3）根据《建规》表 5.3.13 注 4 的规定，跃层式户型内楼梯的距离应按其水平投影尺寸计算。新《建规》（意见稿）的规定同此（不分住宅层数），故《高规》虽无相关规定，但高层住宅仍可执行此条。

（4）综上所述，跃层式户型内最远疏散距离的限值为：位于多层住宅内者应为 22m；位于高层住宅内者宜为 15m，经审批单位同意后可为 20m（均系指一、二级耐火等级的住宅）。

对于每户 ≥ 2 层的别墅式住宅，则很难满足上述规定，应与审批单位协商后才能确定。

3-15 住宅户内及户门至安全出口的最大疏散距离如何确定?

答：相关规范的规定摘要汇总见表 3-15。

住宅户内及户门至安全出口的最大疏散距离　表 3-15

部位	序号	层位	规范条文内容摘要	条文号
户内	1	2~9 层	房内任一点到疏散门（户门）的距离应≤袋形走道尽端房门至安全出口的距离（22m）	《建规》5.3.13-4 和表 5.3.13 《建规图示》5.3.13 图示 7
	2	≥10 层	房间最远点至房门（户门）的距离宜≤ 15m	《高规》6.1.7 及条文说明
	3	户内跃层	详见 3-14	
户门至安全出口	4	2~9 层	任一户门至安全出口的距离应≤ 15m	《住建规》9.5.1-1 《建规》5.3.11
	5	≥10 层	任一户门至安全出口的距离应≤ 10m	《住建规》9.5.1-2
			户门位于两个安全出口之间时，户门距最近安全出口的距离应≤ 40m	《高规》表 6.1.5
			户门位于袋形走道两侧或尽端时，户门距最近安全出口的距离应≤ 20m	

注：表内数值均系指耐火等级为一、二级的住宅。

（1）对户内最远点至户门的最大距离《住建规》无规定。

（2）2~9 层住宅户门至安全出口的最大距离，《住建规》与《建规》的规定相同。

（3）≥10 层住宅户门至安全出口的最大距离，《住建规》与《高规》不同，按何者执行应以消防部门的意见为准。

（4）楼梯间在首层与对外出口的最大距离见 3-13。

3–16   住宅楼梯、公用走道和疏散门的最小净宽度如何确定？

答：相关规范的规定摘要汇总见表3–16。

住宅楼梯、公用走道和疏散门的最小净宽度   表3–16

部件	部位		最小净宽度（m）	规范条文号
楼梯	公用梯	≤6层	1.00（一侧为栏杆） 1.10（两侧为墙）	《住设规》4.1.2 《住建规》5.2.3 《建规》5.3.14 《高规》表6.2.9
		≥7层	1.10	
	户内梯		0.75（一侧为栏杆） 0.90（两侧为墙）	《住设规》3.8.3
公用走道	楼层		1.20	《住设规》4.2.2 《住建规》5.2.1
	首层		1.20（单面布置房间） 1.30（双面布置房间）	《高规》6.1.9
	墙垛处		0.90	《高规》6.1.10
疏散门	楼梯间和前室的门		0.90	《高规》6.1.10
	户门		0.90	《住建规》表3.9.5
	首层外门		1.10（每樘）	《高规》6.1.9

注：① 楼梯的净宽度系指墙面至扶手中心之间的水平距离；
　　② 首层外门的总宽，以及通廊式住宅公用的门、楼梯和走廊的宽度应根据安全疏散计算确定；
　　③ 其他住宅楼层的疏散人数均较少，各部件在各部位的宽度一般均可按本表所列的最小值设计。

3–17   高层建筑地下室何时可用金属竖梯作第二安全出口？

答：可执行《建规》的规定。

（1）《高规》无相关规定。

（2）《建规》第 5.3.12–2 条规定：使用人数 ≤ 30 人且建筑面积 ≤ 500m^2 的地下、半地下建筑（室），其直通室外的金属竖向梯可以作为第二安全出口。

（3）《建规》第 1.0.2–4 条规定：本规范适用于"地下、半地下建筑（包括附属的地下室、半地下室）"。本条规定对附建式地下室、半地下室并无多层与高层建筑之分，故《建规》第 5.3.12–2 条的规定也适用于高层建筑的地下室。

4 楼梯间的设置

4-1 敞开楼梯何时可作为室内疏散楼梯?

答: 未见规范明文界定。

(1)但根据《建规图示》第 2.0.14 和 5.3.13 条, 以及《高规图示》第 2.0.17 条, 住宅户内和商业服务网点室内的敞开楼梯可作为疏散楼梯。

(2)当然, 如建筑物内已有满足防火规定的其他疏散楼梯时, 再增设仅供平时使用的敞开楼梯则不受限制。

(3)应注意的是: 设有敞开楼梯时, 根据《建规》条 5.1.9 条和《高规》第 5.1.4 条的规定, 防火分区的面积应将连通的各层面积叠加计算。若超过限值, 则应重新调整划分防火分区, 也可在敞开楼梯处设置防火卷帘或水幕, 则可分层计算防火分区面积。

4-2 非封闭楼梯间何时可作为疏散楼梯?

答: 根据《建规》第 5.3.5 和 5.3.11 条、《高规》第 6.3.3 条, 以及《技术措施》第 8.3.4 条, 非封闭楼梯间在下列条件下可作为疏散楼梯。

(1)层数 ≤ 5 层的公共建筑, 但不包括如下建筑:

① 医院、疗养院、养老院和福利院, 以及旅馆;

② > 2 层的商店、图书馆、会议、展览和歌舞娱乐放映游艺等人员密集场所。

（2）居住建筑包括：

①通廊式居住建筑：2 层（当电梯井与疏散楼梯相邻时户门应为乙级防火门）或 3~9 层但户门为乙级防火门时；

②塔式和单元式居住建筑：2~6 层且任一层建筑面积 ≤ 500m² 或 > 500m² 但户门为乙级防火门，以及 7~9 层户门为乙级防火门时；

③单元式住宅：10~11 层但户门为乙级防火门时。

4-3 10层和11层单元式高层住宅设置非封闭楼梯间应符合哪些条件？

答： 当楼梯间靠外墙能自然通风和采光，且户门为乙级防火门时可以设置非封闭楼梯间。

（1）《高规》第 6.2.3.1 条规定："十一层及十一层以下的单元式住宅可不设封闭楼梯间，但开向楼梯间的户门应为乙级防火门，且楼梯间应靠外墙，并有直接天然采光和自然通风"。故 10 和 11 层单元式高层住宅可设置非封闭楼梯间。

（2）根据《住建规》第 9.5.1 条："10 层及 10 层以上但不超过 18 层的住宅建筑，当住宅单元任一层的建筑面积大于 650m²，或任一层套房的户门至安全出口的距离大于 10m 时，该住宅单元每层的安全出口不应少于 2 个"。故 10 和 11 层的单元式住宅只要该单元的建筑面积 ≤ 650m²，或户门距楼梯间 ≤ 10m，设置一部非封闭楼梯间即可。

但《高规》第 6.1.1.2 条规定，≤ 18 层的高层住宅单元设一部疏散楼梯时，尚应符合下列条件：

①疏散楼梯通向屋顶，单元间的楼梯通过屋顶连通；

②单元之间设防火墙；

③户门为甲级防火门；

④户间窗间墙宽度 ≥ 1.2m；

⑤窗槛墙高度 ≥ 1.2m。

鉴于两个规范的相关规定差异较大，按何者执行应取得消防审批部门的同意。

（3）《高规》第 6.3.1 条和《住建规》第 9.8.3 条均规定："12层和 12 层以上的住宅应设置消防电梯"。故 10 和 11 层单元式高层住宅仍可不设消防电梯。

（4）此外，《住设规》第 4.1.7 条规定"十二层及以上的高层住宅，每栋楼设置电梯不应少于两台"。故 10 和 11 层单元式高层住宅仍可设一台普通电梯。

（5）综上所述，可知 10 和 11 层单元式高层住宅较 12 层及以上者，交通和消防设施经济、设计简单，因而颇受青睐。

此外，尚有将顶层户内再跃一层的（11+1）层单元式住宅，虽为 12 层但仍按 11 层进行消防设计，自然更为经济。应注意的是：根据《住建规》第 9.1.6 条的规定，则应按 12 层计算。而《高规》对此尚无明确规定，故设计时应征得消防审批部门的认可。

4-4　≥19层的单元式住宅，可以设置剪刀梯及"三合一"前室吗？

答： 可以，但应获消防审批部门的认可。

1.《高规》第 6.1.2 条虽然限定剪刀梯仅能用于"塔式建筑"，并在该条文说明中禁止设置将剪刀梯的两个前室与消防电梯的前室三者合一的"三合一"前室。但近年来，在 ≥ 19 层的单元式住宅中部不乏采用的实例。也即表明经消防审批部门认可后，还是可行的。

2. 又悉，在新《建规》（意见稿）中，也允许在住宅中采用剪刀梯及"三合一"前室，而且不受住宅类型的限制。但要求：

（1）应采用防烟楼梯间；

（2）梯段之间应采用耐火极限 ≥ 1.0h 的不燃烧体实体墙分隔；

（3）其前室与消防电梯合用时，前室的建筑面积应 ≥ 12.0m²，且短边应 ≥ 2.4m。

4–5 仅屋顶开窗的楼梯间可视为封闭楼梯间吗？

答：不妥。

为满足疏散宽度和距离的要求，在某四层商场中部设置了楼梯间，虽不能靠外墙开窗采光和通风，但该楼梯间出屋面并开有 2m² 的外窗。设计人认为该楼梯间即可视为封闭楼梯间，其规范依据为：《建规》第 9.2.2 条和《高规》第 8.2.2 条均规定，"靠外墙的防烟楼梯间每五层内可开启排烟窗的总面积之和不应小于 2.0m²"。且该条条文说明中允许外窗仅开设在上部楼层内，满足面积要求即可。

该结论似有不妥，理由如下：

（1）依据的规范条文系针对靠外墙防烟楼梯间的自然排烟问题，不能以此作为判定封闭楼梯间的条件，正如《高规》该条条文所说：当为靠外墙的防烟楼梯间时，不仅每层的前室保证自然排烟开窗面积（ ≥ 3.0m²），楼梯间也应有一定的自然排烟开窗面积（五层之和 ≥ 2.0m²，且可仅位于上部楼层）。

（2）《建规》第7.4.1和7.4.2条，以及《高规》第6.2.2.1条均明确规定，封闭楼梯间应靠外墙，且每层均应有直接天然采光与自然通风，合则应按防烟楼梯间设置。以此规定衡量仅在屋顶开窗的楼梯间，显然不能认为是封闭楼梯间。如果此种做法成立，则≤5层建筑的任何部位均无需设置防烟楼梯间。因为只要在该楼梯间的屋顶开窗即均可视为封闭楼梯间。

（3）更有甚者，当地下和地上总层数≤5层时，将仅在屋顶开窗的楼梯间延伸至地下层，且仍视其为封闭楼梯间。孰不知，按规定在首层该梯的地上与地下梯段应用耐火极限≥2.0h的隔墙和乙级防火门分隔，地下部分根本不能自然通风和采光。

（4）值得探讨的是，当仅为地上两层建筑时，该楼梯完全可通过屋顶开窗满足自然采光和通风的要求，似可视为封闭楼梯间或非封闭楼梯间。此时尚应注意，该楼梯间在首层与对外出口的距离不应大于15m（《建规》第5.3.13条）。

4-6　如何确定地下、半地下室疏散的类型？

答：根据地下室层数及地下室地面与室外出口的高差确定。

（1）《建规》第5.3.12条规定："地下商店和设置歌舞娱乐放映游艺场所的地下建筑（室），当地下层数为3层及3层以上或地下室内地面与室外出入口地坪高差大于10m时，应设置防烟楼梯间；其他地下商店和设置歌舞娱乐放映游艺场所的地下建筑，应设置封闭楼梯间"。

（2）《汽车库防火规范》第6.0.3条规定："汽车库、修车库的室内疏散楼梯应设置封闭楼梯间"。且根据该条条文说明可知，此规定包括地下车库在内。

（3）但上述规定仅针对地下停车库、地下商店和设置歌舞娱乐放映游艺场所而言，并未明确其他用途的地下室也可参照执行。因此有人坚持认为其他用途的地下室，尽管其火灾危险性可能低于地下商店、地下车库，仍应一律设置防烟楼梯间。如此作法虽然保险，却不够经济。建议参照执行新《建规》（意见稿）的规定："超过 2 层或室内地面与室外出入口地坪高差大于 10m 的地下、半地下建筑（室）的疏散楼梯应采用防烟楼梯间。其他地下、半地下建筑的疏散楼梯应采用封闭楼梯间"。该规定未局限于某种用途的地下、半地下建筑（室），简单明了，免生歧义。

（4）由此还可推知：地下、半地下建筑（室）的疏散楼梯，不应采用非封闭楼梯间或敞开楼梯。但住宅户内者似可例外，应征得消防审批部门的允许。

4-7　地下、半地下室的封闭楼梯间，如何满足自然通风和采光的要求？

答：设置采光井或地面出口的门、窗直通室外。

（1）自然通风和采光是封闭楼梯间设置的必要和充分条件（《建规》第 7.4.2 条和《高规》第 6.2.2 条）。前已述及，当地下、半地下室≤ 2 层或室内地面与室外出口地坪高差≤ 10m 时，可设置封闭楼梯间。其满足自然通风和采光的常见做法如下：

①当楼梯间靠外墙时，可设置从地下二层通至室外地面的窗井。

②当楼梯间靠外墙时，将地面出口处的门窗直通室外（详见 4-8 条）。

③当楼梯间不临外墙，但向上可直通室外地面时，可在地上出入口层开设门窗。

④当为半地下室时，在楼梯间外墙的地上部分开窗。

（2）不言而喻，对于不能满足自然通风和采光的地下、半地下室，不论其层数，均应设置防烟楼梯间。

4-8 地下室的封闭楼梯间在首层有直接对外出口，可视为已满足自然通风和采光要求吗？

答：位于地下一层或二层的人防工程的封闭楼梯间可以，其他地下建筑可参照执行。

（1）《人防防火规范》第5.2.2条规定："封闭楼梯间的地面出口可用于天然采光与自然通风，当不能采用自然通风时，应采用防烟楼梯间"。其条文说明进一步阐述："人防工程的封闭楼梯间与地面建筑略有差别，封闭楼梯间连通的层数只有两层，垂直高度不大于10m，封闭楼梯间全部在地下，只能采用人工采光或由靠近地坪的出口来自然采光；通风同样可由地面出口来实现自然通风。人防工程的封闭楼梯间一般在单建式人防工程和普通板式住宅中能较容易符合本条的要求；对于大型建筑的附建式防空地下室，当封闭楼梯间开设在室内时，就不能满足本条要求，则需要设置防烟楼梯间"。

（2）由此可以推论：对于其他建筑（特别是板式住宅和地下汽车库）地下室的封闭楼梯间，当地下室为一层或二层，且垂直高度≤10m时，其直通地面出口处的门、窗即可满足自然通风和采光的要求，而无需再设置采光井或改为防烟楼梯间。但由于其他相关规范中尚无此明文规定，故设计时仍应取得消防审批部门的认可。

4-9 防烟楼梯间前室内可以布置普通电梯吗?

答:不妥。

(1)《建规》第 7.4.3 条和《高规》第 6.2.5.1 条均规定,防烟楼梯间前室的内墙上,除楼梯门和前室门外,不应开设其他门、窗、洞口(符合规定的住宅户门除外)。其中的"其他门、窗、洞口"理应包括普通电梯在内,也即普通电梯不应布置在防烟楼梯前室内。

(2)如该普通电梯难以移出前室且只有一或二台时,可考虑将其均按消防电梯设置。但该前室的面积也须相应达到:公共建筑 $\geqslant 10m^2$、居住建筑 $\geqslant 6m^2$。

(3)另外,当消防电梯前室或合用前室内有多台电梯时,能否仅将其中一台设置为消防电梯?对此虽有建成实例,但无规范依据可寻,应慎重对待。

4-10 防烟楼梯间前室、消防电梯前室以及二者合用前室的最小面积均应为使用面积吗?

答:是的。

(1)《建规》第 7.4.3-3 条明确写明前室为"使用面积",并在其条文说明指出:"前室的面积为可供人员使用的净面积"。

(2)《住设规》第 2.0.8 条规定:"使用面积不包括墙、柱等结构构造和保温层的面积"。即:前室的面积应是相邻内墙皮所围合的面积。

（3）对于房间面积、防火分区面积等则规范中均系指建筑面积。

4-11　两个相邻防火分区可以合用一部疏散楼梯间吗？

答：不可以，因无规范依据。

（1）基于两个相邻防火分区同时发生火灾的可能性很小，故有人认为可以在防火墙处设置疏散楼梯间，分别向两个相邻防火分区开设甲级防火门，即可供两个防火分区"合用"。此作法在地下汽车库设计中虽有个别实例（见7-1条所述），但无规范依据，采用时必须经消防主管部门认可。

（2）对于高层建筑的地下室和半地下室，《高规》第6.1.12.1条明确规定："每个防火分区的安全出口不应少于两个。当有两个或两个以上防火分区，且相邻防火分区之间的防火墙上设有防火门时，每个防火分区可分别设一个直通室外的安全出口"。由此可知，对于地下室和半地下室更不能两个相邻防火分区共用一部直通室外的疏散楼梯。

4-12　自动扶梯可以作为安全疏散设施吗？

答：不能。

（1）《建规》第5.3.6条明确规定："自动扶梯和电梯不应作为安全疏散设施"。

《高规》对此虽无相应条文规定，但与《建规》第5.1.9条相同，《高规》第5.1.4条也同样规定：建筑物内设置自动扶梯、敞开楼梯等上下层连通的开口时，其防火分区面积应按上下层相通的面积叠加计算，其总面积不应超过规定的限值。当上下开口部位设有耐火极限大于3.00h的防火卷帘或水幕等分隔设施时，其面积可不叠加计算。由此可知，《高规》也未将自动扶梯作为安全疏散设施。

（2）由于火灾时自动扶梯将停运，其四周设置的防火卷帘也同步封闭，尽管卷帘下落时有一定的停滞时间供人员疏散，但仍难免有人滞留其中。因此有人认为在设计时应考虑被困者逃生的途径。

4-13　《建规》第5.3.5条第3款规定："超过2层的商店等人员密集的公共建筑应采用室内封闭楼梯间"。其中"人员密集的公共建筑"指哪些建筑？

答：系指与"商场等空间开敞、人员集中的类似建筑"（见该条条文说明）。

（1）新《建规》（意见稿）规定：应指"商店、图书馆、会议展览建筑及设置有类似使用功能空间的建筑"。

（2）据此，办公楼、教学楼等建筑，虽然人员也较集中，但使用空间较小，且人员对疏散路径较为熟习，故应按《建规》该条第5款的规定："超过5层的其他公共建筑"设置封闭楼梯间。

4-14　管道井何时可向楼梯间和防烟前室开门？

答：管道井不能向楼梯间开门。仅住宅建筑的管道井可向防烟前室开门。

（1）对于封闭楼梯间，《建规》第7.4.2-3条规定，"除楼梯间的门之外，楼梯间的内墙上不应开设其他门窗洞口"。条文中的"其他门窗洞口"自然包括管道井检查门在内。

（2）对于防烟楼梯间，《建规》第7.4.3-5条规定，"除楼梯间和前室门外，防烟楼梯间及其前室的内墙上不应开设其他门窗洞口（住宅的楼梯间前室除外）"。《高规》第6.2.5.1条的规定与《建规》者基本相同，虽未注明"住宅的楼梯间前室除外"，但在其第6.1.3条又规定，"高层居住建筑的户门不应直接开向前室，当确有困难时，部分开向前室的门均应为乙级防火门"。由此可推知住宅管道井的门也可开向前室，且不乏工程实例。

（3）综上所述可知：

①管道井不得向封闭楼梯间和防烟楼梯间开门。

②管道井仅可以向住宅的防烟楼梯间前室（含合用前室）开门。

4-15　疏散楼梯间何时应通至屋顶？

答：高层建筑的疏散楼梯均应通至屋顶，多层建筑的疏散楼梯均宜通至屋顶。

（1）《建规》第5.3.11条规定："居住建筑的楼梯间宜通至屋顶，通向平屋面的门应向外开启"。

对于多层公共建筑的疏散楼梯间何时通至屋顶，《建规》无明文规定。

（2）《高规》第6.2.7条规定，除符合该规范第6.1.1.1条要求的塔式住宅以及顶层为外通廊式的住宅外，高层建筑通向屋顶的疏散楼梯不宜少于两座，且不应穿越其他房间，通向屋顶的门应向屋顶方向开启。

《高规》第6.2.3条规定："单元式住宅每个单元的疏散楼梯均应通至屋顶"。

也即高层建筑的疏散楼梯间均应通至屋顶，除符合规定者外，且均宜≥2座。

（3）在单项建筑设计规范中，对疏散楼梯间是否通至屋顶，有的也作了规定，例如：

①《商建规》第4.2.4条规定："营业层在五层以上时，宜设置直通屋顶平台的疏散楼梯间不少于2座"。

②《宿舍建筑设计规范》第4.5.2-2条规定："单元式宿舍"七层及七层以上各单元的楼梯间均应通至屋顶。但十层以下的宿舍，在每层居室通向楼梯间的出入口处有乙级防火门分隔时，则楼梯间可不通至屋顶（详见该条条文说明）。

（4）综合以上规定，可列表如下。

疏散楼梯间通至屋顶的规定 表4-15

层数	序号	规范条文内容摘要	条文号
多层	1	居住建筑的疏散楼梯间宜通至屋顶	《建规》5.3.11
	2	公共建筑疏散楼梯是否通至屋顶《建规》无明文规定	—
多层或高层	3	营业层≥5层时疏散楼梯应通至屋顶且宜≥2座	《商建规》4.2.4
	4	单元式宿舍≥7层时，各单元的楼梯间应通至屋顶。但≤10层时，在每层居室通向楼梯间的出入口处有乙级防火门分隔时，可不通至屋顶	《宿舍建筑设计规范》4.5.2-2
高层	5	高层建筑通向屋顶的疏散不宜少于2座	《高规》6.2.7
	6	符合《高规》6.1.1.1规定且≤18层的塔式住宅和顶层为外通廊式的住宅，通至屋顶的疏散楼梯可为1座	《高规》6.2.7和6.1.1.1
	7	单元式住宅每个单元的疏散楼梯均应通至屋顶	《高规》6.2.3

4-16　剪刀梯只能用于塔式高层建筑吗?

答: 经消防部门同意也可用于其他建筑。

(1)《高规》第6.1.2条规定:"塔式高层建筑,两座疏散楼梯宜独立设置,当确有困难时,可设置剪刀梯"。也即:只有塔式高层建筑才能采用剪刀梯。

(2)剪刀梯的特点正如该条条文说明所言,是"在同一楼梯间内设置一对相互套叠、又互不相通的两个楼梯",其功能与建筑类型并无因果关系。

因此,在工程实践中,经消防部门批准后,也常见于其他类型的建筑中。例如:

①在≥19层的单元式住宅中,用一座剪刀梯满足应设置两座疏散楼梯的规定。

②在商场的营业厅内设置剪刀梯,可用较少的辅助面积满足疏散总宽度的要求。

③在地下汽车库中,在防火分区的分界处设置一座剪刀梯,即可满足两个防火分区各自有一个直通地面的人员安全出口,从而减少地面上独立楼梯间的数量。

(3)上述实例还说明,剪刀梯也可以用于非高层建筑中。当为多层或地下一层建筑、并可直接采光通风时,也不必为防烟楼梯间。如剪刀梯的设置仅为增加疏散宽度时(如商场和体育场馆),其梯段之间不设耐火极限≥1.0h的非燃烧体隔墙也应允许。

4-17 宿舍建筑的疏散楼梯如何选型？每100人疏散净宽度指标应取何值？

答：应执行《宿舍建筑设计规范》的相关规定。

（1）宿舍建筑虽属人员密集的居住建筑但应执行公共建筑安全疏散的有关规定（详见1-3和1-6）。

（2）《宿舍建筑设计规范》第4.5.1-1和2条分别规定："七层至十一层的通廊式宿舍应设封闭楼梯间，十二层及二十层以上的应设防烟楼梯间"。

"十二层至十八层的单元式宿舍应设封闭楼梯间，十九层及十九层以上的应设防烟楼梯间。七层及七层以上各单元的楼梯间均应通至屋顶。但十层以下的宿舍，在每层居室通向楼梯是出入口处有乙级防火门分隔时，则该楼梯间可不通至屋顶"。

也即不必执行《建规》第5.3.5-3和5条关于"超过2层的商店等人员密集的公共建筑"和"超过5层的其他公共建筑"应设封闭楼梯间的规定。

也不必执行《高规》第6.2.1和6.2.2条关于高层建筑设置封闭和防烟楼梯间的规定。

（3）《宿舍建筑设计规范》第4.5.3条规定："楼梯门、楼梯及走道总宽度应按每层通过人数每100人不小于1m计算，且梯段净宽不应小于1.2m，楼梯平台宽度不应小于楼梯梯段净宽"。

也即不应执行《建规》表5.3.17-1的规定。且与《高规》第6.1.9和6.1.10条的规定相同。

4–18 2~9层住宅楼梯间的形式与数量如何确定?

答：执行《建规》的规定即可。

（1）由于《住建规》关于楼梯间形式的规定仅为性能化要求，同时关于楼梯间数量的规定又与《建规》相同。故对于2~9层住宅楼梯形式与数量的确定执行《建规》第5.3.11条和第5.9.3条的规定即可（详见表4–18）。

（2）对于顶层为两层一套户内跃层的10层住宅（也称（9+1）层住宅），《建规》和《高规》均认定可按9层计算层数，仍执行《建规》的规定（详见1–9）。

（3）2~9层住宅均不需设置防烟楼梯间。

（4）对于独立的低层别墅尚无相关规定。

4–19 高层塔式住宅楼梯间形式与数量如何确定?

答：仍应执行《高规》的规定。

（1）对于高层塔式住宅，《住建规》关于楼梯间形式的规定仅为性能化要求，故应执行《高规》第6.2.1条的规定：均应设防烟楼梯间。

（2）《住建规》关于疏散楼梯数量的规定，不考虑住宅类型和层数，因此与《高规》关于高层塔式住宅设置1座楼梯间的规定有所差异。但目前多仍执行《高规》第6.1.1.1条的规定。

（3）塔式住宅 ≥ 19层时，楼梯间应 ≥ 2座，且可为剪刀楼。

（4）相关规定摘要汇总如表4–19所示。

2~9层（低层、多层、中高层）住宅楼梯间的形式及数量

表 4-18

类型	层数	楼梯间的形式		楼梯间的数量		
		《建规》第5.3.11条		《住建规》第5.9.3条	《建规》第5.3.11条	《住建规》第9.5.1条
单元式和塔式住宅	2~6层	非封闭楼梯间：任一层的建筑面积≤500m²	封闭楼梯间：任一层的建筑面积>500m²，但户门或通向走道、楼梯间的门窗为乙级防火门窗	楼梯间的形式应根据建筑的形式、建筑的层数、建筑面积以及户门门的耐火等级因素确定（性能化要求）	住宅单元任一层的建筑面积>650m²或任一户门距楼梯间>15m时，楼梯间应≥2个	同左
	7~9层	非封闭楼梯间：户门或通向走道、楼梯间的门窗；楼梯间与电梯井相邻但户门为乙级防火门	封闭楼梯间：楼梯间与电梯井相邻不是乙级防火门			
通廊式住宅	2层	户门为乙级防火门	应为非封闭楼梯间，或楼梯间与电梯井相邻但户门是乙级防火门			
	3~9层	户门为乙级防火门	应为封闭楼梯间			

高层塔式住宅楼梯间的形式及数量

表 4-19

层数	楼梯间的形式		楼梯间的数量	
	《高规》第6.2.1条	《住建规》第9.5.3条	《高规》第6.1.1.1条	《住建规》第9.5.1条
10~18层	均应设防烟楼梯间	楼梯间的形式应根据建筑的形式、建筑的层数、建筑面积以及户门门的耐火等级因素确定（性能化要求）	每层≤8户，建筑面积≤650m²且设有防烟楼梯间和消防电梯时，可设1个楼梯间	住宅单元任一层的建筑面积≥650m²，或任一户门至楼梯的距离>10m时，楼梯间应≥2个
≥19层			≥2个	≥2个

4-20 高层单元式住宅楼梯间形式与数量如何确定?

答：仍宜执行《高规》的规定。

（1）关于高层单元式住宅楼梯间的形式，《住建规》第9.5.3条仅为性能化要求，故仍执行《高规》第6.2.3条的规定。

至于楼梯间数量的确定，虽然在10~18层时，关于设置1座楼梯间的要求，《住建规》第9.5.1条的规定比《高规》简单。但因二者差别较大，在设计时仍多执行《高规》第6.1.1.2条的规定。

（2）《高规》第6.1.1.2条关于高层单元式住宅设置1座楼梯间的规定过于复杂，尤其是≥19时，单元楼梯之间的连廊更降低了居住条件。因此，在实际工程中常采用"连塔"做法：

①10~18层时，每个单元均按塔式住宅的规定，每层≤8户、建筑面积≤650m^2、设1部通至屋顶的防烟楼梯间和消防电梯，且单元间为防火墙；

②≥19层时做法同上，且采用剪刀梯满足2座疏散楼梯的要求。

③此做法可谓设计简单、经济实用，但尚无相关的规范依据，故必须征得消防部门的认可。

（3）简言之，高层单元式住宅楼梯间的形式为：

10~18层时应为封闭楼梯间。但户门为乙级防火门、楼梯间有天然采光通风时，10和11层也可为非封闭楼梯间。

≥19层时均为防烟楼梯间。

（4）相关规定摘要汇总见表4-20。

高层单元式住宅楼梯间的形式及数量

表4-20

层数	楼梯间的形式				楼梯间的数量	
	《高规》第6.2.3条			《住建规》第9.5.3条	《高规》第6.1.1.2条	《住建规》第9.5.1条
	非封闭楼梯间	封闭楼梯间	防烟楼梯间			
10层和11层	户门为乙级防火门且楼梯间靠外墙并直接天然采光和自然通风	—	—	楼梯间的形式应根据建筑的形式、建筑的层数、建筑面积以及套型门户的耐火等级等因素确定（性能化要求）	每个单元设有1座通向屋面的疏散楼梯，并通过屋顶连通，单元之间设有防火墙，户门为甲级防火门；窗间墙宽度、窗槛墙高度≥1.2m且均为不燃体墙时，可设一个安全出口	住宅单元任一层的建筑面积>650m² 或任一套房的户门距楼梯间>10m时，楼梯间应≥2个
12~18层	—	应设封闭楼梯间	—			
≥19层		—	应设防烟楼梯间		≤18层的每层做法同上；≥19层的每层每个相邻单元楼梯通过阳台或凹廊连通（屋顶可以不连通），每个单元设有1座通向屋面的疏散楼梯时，可设1个安全出口	≥2个

4-21　高层通廊式住宅楼梯间形式与数量如何确定？

　　答：仍应执行《高规》的规定。

　　（1）高层通廊式住宅的定义为：由公共楼梯、电梯通过内、外廊进入各套住宅的高层住宅（《住设规》第2.0.22条）。但对内、外廊的长度无限定，故当内、外廊较短时，常与单元式或塔式住宅难以区分。

　　（2）《高规》第6.2.4条条文说明称：当通廊较长时，通廊式住宅与办公楼相似，火灾范围大，不利于安全疏散，其防火规定严于单元式住宅。

　　因此，应将其每层视为≥1个防火分区，不考虑设置1座疏散楼梯的可能。但《住建规》第9.5.1系不分住宅类型和层数的"通用"规定，故仍给出了设置1座疏散楼梯的条件，二者差异较大。建议在设计时仍应执行《高规》第6.2.4条的规定。

　　（3）简言之，高层通廊式住宅均应设2座疏散楼梯间。不考虑设置非封闭楼梯间，10和11层应为封闭楼梯间，≥12层应为防烟楼梯间。

　　（4）相关规定摘要汇总见表4-21。

高层通廊式住宅楼梯间的形式及数量

表 4-21

层数	楼梯间的形式			楼梯间的数量	
	《高规》第 6.2.4 条		《住建规》第 9.5.3 条	《高规》第 6.1.1 条	《住建规》第 9.5.1 条
	封闭楼梯间	防烟楼梯间			
10 和 11 层	应设封闭楼梯间	—	楼梯间的形式应根据建筑的形式、建筑的层数、建筑面积以及套房户门的耐火等级因素确定（性能化要求）	高层建筑每个防火分区的安全出口不应少于 2 个	住宅单元任一层的建筑面积 ≥ 650m² 或任一套房的户门至楼梯间 > 10m 时，楼梯间应 ≥ 2 个
12~18 层	—				
≥ 19 层		应设防烟楼梯间			≥ 2 个

5 建筑构造

5-1 窗槛墙的最小高度是多少?

答:《住建规》有规定,《建规》和《高规》无普遍性的规定。

(1)作为对住宅建筑的普遍性要求,《住建规》第9.4.1条规定:"住宅建筑上下相邻套房开口部位间应设置高度不低于0.8m的窗槛墙"。

(2)尽管《高规》在其第5.1.1条条文说明中提及:"所谓垂直防火分区,就是将具有1.5h或1.0h耐火极限的楼板和窗间墙(两上、下窗之间的距离不小于1.2m)将上下层隔开"。但并未将窗槛墙高度不得小于1.2m,作为普遍性要求写入正式条文,仅在以下两处有特例性的规定:

①建筑幕墙的窗槛墙或不燃烧体裙墙及防火玻璃裙墙的高度不应低于0.8m(《高规》第3.0.8.2条)。

②对于单元式高层住宅,当每个单元仅设一部疏散楼梯时,其必要条件之一为:

10~18层的窗槛墙高度不应小于1.2m(《高规》和《高规图示》第6.1.1.2条)。

(3)《建规》也对窗槛墙高度未作普遍性的条文规定,只在第7.2.7条对建筑幕墙有与《高规》基本相同的相关要求。

(4)《住建规》第9.4.1条还允许当住宅建筑的窗槛墙高度不足0.8m时,可设置耐火极限不低于1.00h的不燃性实体挑檐,其出挑宽度不应小于0.5m,长度不应小于开口宽度。并据此在该规范的宣讲材料中称:当阳台内的外墙上设有与室内相隔的

门窗时，阳台外窗的窗槛墙高度不限。因为阳台楼板可视为该
处外墙门窗上部的不燃性挑檐。但此点并非该规范的明文规定，
更未见《建规》和《高规》的认同。

（5）根据《高规图示》第 6.1.1.2 条所示：当窗槛墙高度不
足 1.2m 时，可以在相邻的窗上局部设置固定的防火窗，其高
度≥差值即可。

（6）综上所述，根据《住建规》的规定，住宅建筑的窗槛
墙应≥0.8m 或作≥0.5 宽、长度≥开口宽度的不燃性实体挑檐。
但外墙上有门窗的阳台，其窗槛墙高度不限。

而《建规》和《高规》对窗槛墙的高度尚无普遍性的条文
规定。上述内容摘要汇总见表 5-1 所列。

窗槛墙的最小高度 表 5-1

序号	规范条文内容摘要	条文号	附注
1	所谓垂直防火分区，就是将具有 1.5h 或 1.0h 耐火极限的楼板和窗槛墙（相邻上、下窗的距离≥1.2m）将上下层隔开	《高规》5.1.1 条文说明	未见条文规定
2	住宅建筑上下相邻套房开口部位间，应设置高度≥0.8m 的窗槛墙，或设置耐火极限≥1.0h 的不燃烧性实体挑檐，其宽度应≥0.5m，长度应≥开口宽度	《住建规》9.4.1	仅用于住宅
	当封闭阳台有内门窗时，阳台楼板可视为实体挑檐，故阳台外门窗处的窗槛墙高度不限	《住建规》辅导教材	
3	高层单元式住宅的每个单元设 1 部疏散楼梯时，≤18 层各层的窗槛墙高度应≥1.2m，且为不燃体墙	《高规》6.1.1.2	
	不燃体窗槛墙＜1.2m 时，相邻的窗上可设固定防火窗补足差值	《高规图示》6.1.1 图示 5	
4	无窗间墙和窗槛墙的幕墙，应在每层楼板外沿设置耐火极限≥1.0h、高度≥0.8m 的不燃烧实体裙墙	《建规》7.2.7	用于玻璃幕墙
	同上，并允许用防火玻璃裙墙代替不燃烧实体裙墙	《高规》3.0.8.2	

5-2　规范对窗间墙宽度有哪些限定?

答:《建规》、《高规》和《住建规》的相关规定摘要汇总如下。

(1)位于防火墙、户间隔墙以及楼梯间等处的窗间墙,对其宽度的限定见表5-2。

窗间墙的最小宽度　　　　　　　表 5-2

序号	规范条文内容摘要	条文号	附注
1	外墙为非燃烧体时,紧靠防火墙两侧的门窗洞口的净距应≥2m	《建规》7.1.3 《高规》5.2.2	用于所有建筑
2	防火墙不宜设在转角处,否则内转角处两侧墙上的门窗洞口的水平净距应≥4m	《建规》7.1.4 《高规》5.2.1	
3	住宅楼梯间窗口与相邻套房窗口的净距应≥1m	《住建规》9.4.2	仅用于住宅
4	高层单元式住宅每个单元仅设1部疏散楼梯时,≤18层各层户间窗间墙的宽度应≥1.2m	《高规》6.1.1.2和同条《高规图示》	
5	当一侧为乙级防火门窗时,则窗间墙宽度可不限	《建规》7.1.3和7.1.4 《高规》5.2.1和5.2.2	用于所有建筑

(2)在实际工程中,由于平面布局的限制,窗间墙有时无法满足规定的最小宽度。对此,常将防火墙(或内隔墙)外延凸出外墙外表面≥1.0m(或0.5和0.6m),形成竖向防火屏壁,窗间墙的宽度则可不限。

当防火墙(或户间隔墙)外延后恰为两户阳台间的隔墙时,如阳台设有内门窗,则阳台外门窗的窗间墙宽度可不限。

但上述作法均无规范条文依据，必须征得消防部门的认可。

（3）根据《高规》第6.1.1条及其条文说明，≥19层的单元式住宅，每个单元可设1部疏散楼梯的条件是：

①疏散楼梯均通向屋顶；

②≥19层部分：每层相邻单元的楼梯通过阳台或凹廊连通（屋顶可不连通）；

③≤18层以下部分：单元间设防火墙、户门为甲级防火门，以及窗槛墙宽度和户间窗间墙的高度≥1.2m，且为不燃烧体。

但《高规图示》6.1.1图示6中"超过十八层单元式住宅十八层以上平面示意图"仍按第③项要求绘制，与该条条文和说明以及图示5均不符，似有误。

5-3　人防门能兼作防火门吗？

答：不能。

（1）《人防防火规范》是针对人防工程平时，而不是战时使用的防火规定（《人防防火规范》第1.0.2条）。防火门根据其功能不同，要求相应装设一些能自行关闭的装置，如闭门器，双扇或多扇防火门应增设顺序器；常开的防火门再增设释放器和信号反馈装置。而人防门（防护密闭门和密闭门）却无此功能。

（2）因此，当人防口部外为封闭楼梯间或防烟楼梯间时，楼梯间和前室应另设防火门，不能以人防门代替。如受面积或平面的制约，也可在人防门的洞口中套装防火门。因为人防门为了满足抗爆和密闭的要求，门扇尺寸应大于洞口尺寸，并安装于门洞的外侧且平时是常开的，故不会影响防火门的功能。但应要求在临战前将防火门拆除，以保证人防门的使用。

（3）《人防防火规范》第4.1.1条规定："防火分区应在各安全出口处的防火门范围内划分"。其条文说明更进一步解释："当通向地面的安全出口为敞开式或有防风雨棚架，且与相邻地面建筑物的间距等于或大于表3.2.2规定的最小防火间距时，可不设置防火门"。

5-4　通向封闭楼梯间的门何时可选用双向弹簧门？

答：多层居住建筑封闭楼梯间的门选用乙级防火门有困难时，可选用双向弹簧门。

（1）《高规》第6.2.2.2条规定：封闭楼梯间"应设乙级防火门，并向疏散方向开启"。

（2）《建规》第7.4.2-4条规定："高层厂房（仓库）、人员密集的公共建筑、人员密集的多层丙类厂房设置封闭楼梯间时，通向楼梯间的门应采用乙级防火门，并应向疏散方向开启"。

《建规》第7.4.2-5条虽然规定："其他建筑封闭楼梯间的门可采用双向弹簧门"。但在其条文说明中又称："通向封闭楼梯间的门，正常情况下应采用防火门。……只有在这样做有困难时，通向居住建筑封闭楼梯间的门才考虑选择双向弹簧门"。

（3）建议：多层和高层民用建筑通向封闭楼梯间的门均选用乙级防火门。

5-5　消防电梯前室的门可以选用防火卷帘门吗？

答：《高规》允许，《建规》不允许。

（1）《高规》第6.3.3.4条规定："消防电梯间的门，应采用乙级防火门或具有停滞功能的防火卷帘"。

其条文说明注称:"但合用前室的门不能采用防火卷帘"。

(2)《建规》第7.4.10-1条规定:"消防电梯间应设置前室。……前室的门应采用乙级防火门"。

《建规》第7.4.11条更明确规定:"建筑中的封闭楼梯间、防烟楼梯间、消防电梯前室及合用前室不应设置卷帘门"。

(3)建议:不论建筑层数,消防电梯前室及合用前室均选用乙级防火门。

5-6 楼梯间或前室在首层或屋面开向室外的门应是普通门吗?

答:是的。

(1)建筑防火设计的必要条件是:室外地面应在同一时段内无灾情,可视为室内疏散最终要抵达的安全区域;而室外屋面也应视为可供临时避难和继续疏散的场地。因此,除特殊房间(如变电所)的外门和个别部位(如防火墙两侧)的外门窗之外,建筑物的外门窗均为普通门窗。

楼梯间前室是室内安全出口,它与室内其他部分用耐火极限≥2.0h的隔墙和不低于乙级的防火门相隔,是室内最相对安全的空间,所以它开向室外的门更无须是防火门。此点虽未见规范明文规定,但在《建规图示》和《高规图示》所有相关图例中均表示为普通门。

(2)有人提出,对于加压送风的楼梯间和防烟前室,为防泄压,其出屋面的外门仍应为防火门,以保证其自动关闭功能。若仅为此目的,选用普通弹簧门也谓不可。对此问题尚有争论,应征求消防部门的意见。

5-7　户门兼防火门时，如何确定开启方向？

答：应向外开启。

（1）《高规》第5.4.2条规定："防火门应为向疏散方向开启的平开门，并在关闭后应能从任何一侧手动开启"。因此，户门兼防火门时应向外开启。

（2）《建规》第7.4.12-1条规定："民用建筑和厂房的疏散用门应向疏散方向开启。除甲、乙类生产房间外，人数不超过60人的房间且每樘门的平均疏散人数不超过30人时，其门的开启方向不限"。故单纯的户门开启方向不限。

5-8　防火分区之间防火墙上的防火门如何确定开启方向？

答：宜设置两樘不同开启方向的防火门。

（1）根据《高规》第6.1.12条条文说明，相邻两个防火分区同时发生火灾的可能性较小，因而不可能预知疏散方向，也即防火门的开启方向无法限定。

（2）尽管平开的防火门从任何一侧均能手动开启，但当人员拥挤逃生的方向与防火门的开启方向相反时，往往难以手动开启。因此，当条件允许时，宜在防火墙上并列设置两樘不同开启方向的防火门（见《高规图示》第6.1.1.3条图示7）。对于长度有限的防火墙（如走道处），则只能设置一樘不限开启方向的防火门。

5-9　电缆井、管道井应在每层楼板处封堵吗?

答:是的。

(1)《建规》第 7.2.10 条和《住建规》第 9.4.3-3 条(含高层住宅)均要求:"电缆井、管道井应在每层楼板处采用不低于楼板耐火极限的不燃烧性材料或防火材料封堵"。

(2)《高规》第 5.3.3 条虽规定:"建筑高度不超过 100m 的高层建筑,其电缆井、管道井应每隔 2~3 层在楼板处用相当于楼板耐火极限的不燃烧体作防火分隔",但在高层建筑中实际多采用每层封堵的做法。

(3)在新《建规》(意见稿)中,也不分建筑层数,均要求电缆井、管道井在每层楼板处进行封堵。

5-10　楼梯间的墙应是防火墙吗?

答:不是。

(1)《建规》表 5.1.1 和《高规》表 3.0.2 规定:防火墙应为耐火极限≥3.0h 的不燃烧体。故其上的防火门相应为甲级。

(2)《建规》表 5.1.1 和《高规》表 3.0.2 均规定:对于一、二级耐火等级的建筑,楼梯间的墙应为耐火极限≥2.0h 不燃烧体。

《建规》表 5.1.1 规定:对于三级和四级耐火等级的建筑,楼梯间的墙应分别为耐火极限≥1.5h 的不燃烧体和耐火极限≥0.5h 的难燃烧体。

故楼梯间墙上的防火门相应为乙级。

(3)当然,如楼梯间的墙兼为防火分区的隔墙时,则应为防火墙。

5–11　屋面上相邻的天窗之间，以及相邻的天窗与外墙门窗之间，其净距有限定吗？

答：分别位于两个防火分区时，净距有限定。

（1）当屋面上两个相邻的天窗，分别位于顶层防火墙两侧的上方时，二者的净距应≥2m（参照《建规》第7.1.3条和《高规》第5.2.2条执行。因为此时防火墙两侧的屋面板，相当于防火墙两侧的外墙）。

（2）当低屋面上的天窗与高外墙上的门窗相邻时，二者的直线净距应≥4m（参照《建规》第7.1.4条和《高规》第5.2.1条执行。因为此时与低屋面同层较高建筑的楼板，相当于平面为内转角处的防火墙）。当然若二者同属于一个防火分区，则净距不限。

5–12　住宅户门为防火门时应具有自闭功能吗？

答：宜具有自闭功能。

（1）《高规》第5.4.2条规定：

①"防火门应为向疏散方向开启的平开门，并在关闭时能从任何一侧手动开启"。

——此为防火门必备的基本功能，防火户门也不能例外。

②"常开的防火门，当发生火灾时，应具有自行关闭和信号反馈的功能"。

——防火户门不是常开的防火门，故无需自闭功能。

③"用于走道、楼梯间和前室的防火门，应具有自闭功能。双扇或多扇防火门，还应具有按顺序关闭的功能"。

　　——此类防火门均系"公用"的疏散门,火灾时必须具有自闭功能,才能确保火焰和烟气不进入楼梯间、前室,以及相邻的防火分区。

　　而防火户门虽然也为开向扩大封闭楼梯间或扩大前室的疏散门,但并非"公用",仅为每户隔绝火焰、烟气和疏散之用。且平时常闭和开启后随手关门。故新《建规》(意见稿)的相关条文明确规定:防火门"除管井检修门和住宅户门外,应具有自闭功能"。

　　(2)从目前的工程实例观之,防火户门多为仅有防火、防盗、保温和隔音功能的"四防门"。如未经消防部门认可,仍宜增加自闭功能。

6 电梯、设备用房、库房

6-1 消防电梯可以不到地下层吗?

答:可以。

(1)《高规》第6.3.1条条文说明阐述了设置消防电梯的目的在于:"从实际测试来看,消防队员徒步登高能力有限,有50%的消防队员带着水带、水枪攀八层、九层还可以,对扑灭高层建筑火灾,这很不够。因此,高层建筑应设消防电梯"。但对于地下层,由于是下行,且深度有限,故可不必借助于消防电梯。

此点在《高规》正式条文中虽未提及,但在第6.3.3.11条条文说明中,允许将"消防电梯不到地下层",以此作为电梯井底积水直接排向室外的措施之一。

(2)《技术措施》第9.5.4-8条明确规定:允许"消防电梯不下到地下层"。

(3)《建规》对此点未见任何阐述。

6-2 公共建筑中的客、货梯和空调机房可以直接开向营业厅、展厅吗?

答:客、货梯不宜,空调机房不应直接开向营业厅、展厅等。

(1)《建规》第5.3.7条规定:"公共建筑中的客、货梯宜设置独立的电梯间,不宜直接设置在营业厅、展览厅、多功能厅等场所内"。

（2）《商建规》第3.1.11条规定："营业厅与空气处理室之间的隔墙应为防火兼隔音构造，并不得直接开门相通"。

6-3 电梯机房的门应如何设置？

答：普通和消防电梯机房应分别设置乙级和甲级防火门。

（1）普通"电梯机房门应为乙级防火门（直接开向室外者除外）"。见《技术措施》第9.5.7条，《高规》及《建规》无明文规定。

（2）消防"电梯机房的门应为甲级防火门"。见《技术措施》第9.5.4-4条，但未明确直接开向室外时是否除外。《高规》及《建规》无明文规定。

（3）"消防电梯机房与相邻其他电梯机房之间，应采用耐火极限不低于2.00h的隔墙隔开。当在隔墙上开门时，应设甲级防火门"。见《高规》第6.3.3.6条和《建规》第7.4.10-3条。据此，并参见相应的《图示》和前条的条文说明还可知：消防电梯机房和普通电梯机房应分设对外出口。前者不宜穿套在后者之内。

（4）再次提示：《高规》第6.3.3.4条规定："消防电梯间前室的门，应采用乙级防火门或具有停滞功能的防火卷帘"，但合用前室除外（见该条条文说明）。而《建规》第7.4.11条规定："消防电梯间前室及合用前室不应设卷帘门"。二者彼此矛盾，建议不设防火卷帘为好。

（5）还应提示的是：电梯机房不得向封闭楼梯间或前室开门。其理由与4-14对管道井的规定相同，且多从严掌握，即便是住宅也不例外。

为此，在封闭楼梯间（或前室）与电梯机房之间采用如下处理则可满足规范要求。

①设置走道或过厅；

②前室改为开敞的过厅，即可视为室外；

③电梯机房和封闭楼梯间（或前室）各自分别向室外开门，通过屋面联系。

6-4　变配电所位于高层建筑地下一层时，应设置独立的出口吗？

答：不一定。

（1）《技术措施》第15.3.3-4条规定："高层建筑的变、配电所宜布置在首层或地下一层，并应设置独立的出口"。但《高规》第4.1.2.2条和《建规》第5.4.2-2条均规定："锅炉房、变压器室的门均应直通室外或直通安全出口"。且《高规图示》和《建规图示》均明确为：位于首层时应直通室外，位于地下一层时应直通疏散楼梯。

（2）因此，位于地下一层的锅炉房和变配电所的门直通疏散楼梯即可。当然，另设直通室外的独立出口则更安全。

6-5　变配电所与其他部位隔墙上的门应为何级防火门？

答：直通室外的门应为丙级防火门，其他均为甲级防火门。

（1）《建规》第5.4.2-3条和《高规》第4.1.2.3条均规定："变压器室与其他部位之间应采用耐火等级不低于2.00h

的不燃烧体隔墙和 1.50h 的不燃烧体楼板隔开。在隔墙和楼板上不应开设洞口；当必须在隔墙开门窗时应设置甲级防火门。"

（2）但《技术措施》第 15.3.4 条，则规定可根据变配电所所在建筑的层数（多层或高层）、层位（地下层、首层、二层及其以上）、通向（走道或房间及室外）等情况，采用甲、乙、丙级防火门。区别过细，似无必要。

（3）综上所述，建议：除直通室外者采用丙级防火门外，其他处均采用甲级防火门。

（4）变、配电所的内门均应乙级防火门，开启方向仍应参照《技术措施》该条的规定。

6-6　多层建筑内消防水泵房的门可为乙级防火门吗？

答：不行，应为甲级防火门。

（1）《技术措施》第 15.5.3 条规定："设于多层建筑内的消防水泵房应采用乙级防火门"。其依据可能是《建规》第 7.2.5 条的规定："附设在建筑物内的……消防水泵房……等，应采用耐火极限不低于 2.00h 的隔墙和不低 1.50h 的楼板与其他部位隔开。……隔墙上的门除本规范另有规定者外，均应采用乙级防火门"。

而《建规》第 8.6.4 条则规定："消防水泵房的门应采用甲级防火门"。即应属于第 7.2.5 条中"本规范另有规定者"。故多层建筑内消防水泵房的门仍应为甲级防火门。

（2）《高规》第 7.5.1 条规定："在高层建筑内设置消防水泵房时，……应设甲级防火门"。

（3）综上所述，可知，不论建筑层数多少，设于建筑物内的消防水泵房，其门均应为甲级防火门。

6-7　民用建筑地下室内库房的门应为防火门吗？

答：宜为甲级防火门。

（1）《建规》第 3.1.5 条规定："丁、戊类储存物品的可燃包装重量大于物品本身重量 1/4 的仓库，其火灾危险性等级应按丙类确定"。

（2）《高规》第 5.2.8 条规定："地下室内存放可燃物平均重量超过 $30kg/m^2$ 的房间隔墙，其耐火极限不应低于 2.00h，房间的门应采用甲级防火门。"

（3）民用建筑地下室内的库房，多供商店、办公、住户等业主使用，其存放物品的种类、数量和火灾危险性等级均难以控制。因此，在设计时不宜轻易标注为仅能存放难燃（不燃）物品的丁（戊）类库房。为保险计，其门宜选用甲级防火门。

6-8　消防控制室的内门应为何级防火门？

答：应根据建筑的层数及所在层位确定。

（1）《建规》第 7.2.5 条规定：设在建筑物内的消防控制室，"应采用耐火极限不低于 2.00h 的隔墙和不低于 1.50h 的楼板与其他部位隔开。隔墙上的门除本规范另有规定者外，均应为乙级防火门"。

《建规》第 11.4.4 条又规定：消防控制室"亦可设在建筑物

的地下一层，但应按本规范第7.2.5条的规定与其他部位隔开，并应设直通室外的安全出口"。

综上可知：对于多层建筑，消防控制室无论位于首层或地下一层，其内门均应为乙级防火门。

（2）《高规》第4.1.4条与《建规》上述两条规定的内容相同，但未写明内门的防火等级。而《高规图示》第4.1.4条则标明：位于首层时，内门为乙级防火门；位于地下一层时，内门为甲级防火门。

（3）从《建规图示》和《高规图示》相关的图示中还可知：消防控制室的外门均可为普通门。

（4）为便于记忆和简化设计，建议不论建筑层数，均可执行如下规定：消防控制室位于首层时，内门应为乙级防火门；位于地下一层，内门应为甲级防火门；外门均可为可为普通门。

6-9 锅炉房、变压器室、厨房外墙洞口上方何时可不做防火挑檐？

答：锅炉房、变压器室外墙洞口上方有 ≥ 1.2m 高的窗槛墙时，可不作防火挑檐；厨房则必须作防火挑檐。

（1）《建规》第5.4.2-2条和《高规》第4.1.2.2条均规定："锅炉房、变压器室……外墙上的门窗等开口部位的上方应设置宽度不小于1m的不燃烧防火挑檐或不小于1.2m的窗槛墙"。

（2）《饮食建筑设计规范》第3.3.11条规定：厨房"热加工间的上层为餐厅或其他用房时，其外墙开口上方应设宽度不小于1m防火挑檐"。

6-10　锅炉房的火灾危险性分类属于何种类别？

答：属于丁类。

（1）根据《建规》第3.1.1条条文说明表1的规定，锅炉房的火灾危险性分类属于丁类。

（2）但《锅炉房设计规范》对锅炉房主要用房的火灾危险性分类又有所区别：锅炉间属于丁类，燃气调压间属于甲类，油箱间、油泵间和油加热器间属于丙类。

7 地下汽车库

7-1 地下汽车库防火分区之间隔墙上的防火门可以作为人员疏散的第二安全出口吗？

答：规范无明确规定，尚存争议。

《汽车库防火规范》第 6.0.2 条规定："汽车库、修车库的每个防火分区内，其人员安全出口不应少于两个"。但对安全出口如何设置未进一步阐明，从而导致审查和设计人理解与执行的分歧。

（1）《建规》第 5.3.12 条和《高规》第 6.1.12.1 条均规定：地下室和半地下室"每个防火分区的安全出口数量应经计算确定，且不应少于两个。当平面上有 2 个或 2 个以上防火分区相邻布置时，每个防火分区可利用防火墙上 1 个通向相邻防火分区的防火门作为第二安全出口，但必须有 1 个直通室外的安全出口"。由于该条文并未限定地下室防火分区的建筑面积，故也应适用于地下汽车库。可参见《常见问题分析》第 11-8 页。

（2）另外，《技术措施》第 3.4.22-3 条允许借用住宅楼梯作为汽车库的人员安全出口，也是基于本项规定（详见 7-2 条）。然而也有人认为：不能"借用"但可与相邻防火分区"合用"一部疏散楼梯间。为此要求从汽车库能直接进入封闭楼梯间或防烟楼梯间的前室（门为甲级防火门）。且相邻防火分区不是汽车库时也可以。

（3）但也有人认为，地下汽车库均设有喷淋，其防火分区

的最大面积可达 4000m², 最远点至人员安全出口的距离可达
60m, 为地下商店的 2 倍和一般用房的 4 倍。故应从严要求, 每
个防火分区只能设置专用的直通室外的人员安全出口, 且不得
少于 2 个。

7-2 地下汽车库与住宅地下室相通时, 汽车库的人员疏散 可以借用住宅楼梯吗?

答: 可以。但仍需消防审批部门的认可。

(1) 尽管相关规范对此尚无相应规定, 但《技术措施》第
3.4.22-3 条已明确规定: "地下汽车库可与住宅地下室相通, 人
员疏散可借用住宅楼梯, 若不能直接进入住宅楼梯间, 应在汽
车库与住宅楼梯之间设走道相连。开向走道的门均应为甲级防
火门。汽车库人员疏散距离应算至住宅楼梯间"。

当住宅的楼梯间直通地下汽车库时, 其地上与地下梯段在
首层有防火隔墙和乙级防火门相隔, 故从楼层向下与从地下室
向上的疏散人流并不交叉, 均可经首层疏散到室外。同时, 住
宅地下室多为供住户使用的库房, 平时主要是有车的住户往返
于地下车库和住房之间, 人流不大且对路径极为熟悉。因此借
用住宅楼梯作为汽车库人员疏散出口是完全可行的。特别是对
于与多栋住宅连体的大型地下汽车库, 不失为经济合理的防火
疏散措施。

(2) 该条规定实际基于: "地下室每个防火分区的安全出口
不得少于两个。相邻防火分区之间防火墙上的防火门可作为第
二安全出口, 但直通室外的安全出口不得少于 1 个"。据此, 对

该条规定尚有下述几点讨论：

①借用的住宅楼梯是否只能视为汽车库人员疏散的第二安全出口？每个防火分区是否仍应设置至少1个供汽车库专用的直通室外的人员安全出口？也即汽车库每个防火分区的人员安全出口能否都"借用"住宅楼梯？

②如果由汽车库可直接进入住宅楼梯间，可否将该楼梯划入汽车库防火分区，并作为汽车库该防火分区直通室外的人员安全出口？如将住宅楼梯及相邻的少量房间均划入汽车库的防火分区内，是否也可视为汽车库该防火分区直通室外的人员安全出口？

③该规定要求，当由汽车库不能直接进入住宅楼梯时，应在二者之间用走道相连，开向走道的门应为甲级防火门。这实际上形成了"避难走道"，进入其内即应认为已安全，因此汽车库人员疏散距离无需算至住宅楼梯，算至住宅地下室与汽车库之间防火分区（防火墙）上的防火门处即可。

另外，地下室相邻防火分区之间防火墙上的防火门之所以可相互作为第二安全出口，是基于相邻防火分区同时发生火灾的可能性很小。因此，该规定要求住宅楼梯与汽车库之间设置"避难走道"，属于"双重保险"，似可取消。

7-3 如何确定地下汽车库汽车疏散出口的数量和宽度？

答：根据停车数量确定。

（1）根据《汽车库防火规范》第6.0.6条及其条文说明，以及第6.0.9条的规定，当地下汽车库的停车数量：

①≤ 50 辆（Ⅳ类车库）时，可设 1 个单车道（4m）疏散出口；

②＞ 50 辆但≤ 100 辆时，可设 1 个双车道（7m）疏散出口；

③＞ 100 辆时，应设≥ 2 个单（或双）车道疏散出口。

（2）汽车出入口的数量和宽度的确定，不能仅满足汽车疏散的要求，还应同时考虑平时汽车进出和管理的需要。例如，《汽车库建筑设计规范》第 3.2.4 条和《技术措施》第 3.4.3 条均规定当停车数＞ 500 辆时，出入口应≥ 3 个。其宽度也尽量为双车道。

7-4　地下汽车库防火分区内可否划入非汽车库用房？

答：某些限定的用房可少量划入。

地下汽车库除停车区外，还包括为其服务的进、排风机房、管理室、库房等，其面积自然应计入汽车库的防火分区内。但根据《汽车库建筑设计规范》第 4.1.16 条条文说明，宜控制在汽车库总面积的 10% 以下。

而对于与地下汽车库同层，但并不为其服务的其他用房，能否划入汽车的防火分区内，应根据规范的规定区别对待。

（1）下列建筑和设施不得与地下汽车库组合，如喷漆间、充电间、乙炔间和甲、乙类物品贮存室，以及修车位、汽油罐和加油机等（《汽车库防火规范》第 4.1.6 和 4.1.7 条）。

（2）要求应有直通安全出口的地下设备用房不得划入汽车库防火分区内，如锅炉房、变配电所、消防水泵房等（《高规》第 4.1.2.2 和 7.5.2 条，以及《汽车库防火规范》第 5.1.9.2条）何谓"直通安全出口"？可参见《高规图示》第 21 和 97 页。

（3）其他少量非地下汽车库用房可划入汽车库防火分区内，但未见规范明文认可和限定其面积或所占比例。《常见问题分析》第11–2页认为不应接近500m²，否则应设置单独的防火分区。该类地下用房包括：普通水泵房、柴油发电机房、中水处理站、制冷机房、热交热站、燃气表室、丙、丁、戊类库房等。

有一种作法就很值得商榷：为利用住宅楼梯间作为地下汽车库的人员安全出口，将实际为住户服务的住宅地下层面积全部划入同层汽车库的防火分区内。

还应提醒的是：上述非汽车库用房虽然划入汽车库防火分区内，但宜参照《汽车库防火规范》第5.1.6条的规定，仍应用 ≥ 3.0h 的不燃烧体防火墙及 ≥ 2.0h 的不燃烧体楼板与汽车库分隔，其防火墙上的门也应为甲级防火门。

7–5 汽车库的楼地面可做排水明沟吗？

答：不妥。宜做地漏或集水坑。

（1）因为排水明沟内难免积油，火灾时会加速火势的蔓延。该做法源于《汽车库建筑设计规范》第4.1.19条的要求："汽车库的楼地面……应设不小于1%的排水坡度和相应的排水系统"。

（2）目前多按《技术措施》第3.4.14条的规定："在各楼层设置地漏，在最下层车库设集水坑（或地漏）和相应的排水系统，地漏（或集水坑）的中距不宜大于40m，在地漏（或集水坑）周边1.0m的范围内找坡，坡度为1%~2%，以满足必要时的清扫和排水"。该做法使车库楼地面不必全部找坡，便于施工，安全实用。

7-6 能在地下汽车库顶板下粘贴XPS或EPS板做保温层吗?

答: 不行。

(1)《建装规》表3.4.1规定: 地下停车库顶棚、墙面、地面装修材料的燃烧性等级均应为A级。

(2)但无论是挤塑或模塑聚苯乙烯泡沫塑料板(XPS或EPS)均达不到A级,故不能粘贴在地下汽车库的顶板下作保温层。

8 商店、歌舞娱乐放映游艺场所

8-1 商店防火设计有哪些主要规定?

答：商店防火设计的一般性规定，以及针对其地上层和地下层的特别规定分别汇要见表 8-1A~ 表 8-1C 所列。

（1）当前商业建筑的类型繁多、规模悬殊、功能复杂且仍在发展变异，但编制于 1989 年的《商店建筑设计规范》至今未作相应的修订。《建规》和《高规》近年虽然就防火设计增补了一些相关条文，但仍不能从根本上扭转商业建筑设计法规缺失的局面。因此，本条内容也仅能将上述三项规范中的相关规定摘要汇总，用以方便设计。

（2）上述三项规范的相关条文，也主要是针对较普遍的传统型商店的规定。而对于大型超市、兼娱乐和餐饮的购物中心、室内和室外与地下商街，以及专业商城等新型商业建筑则涉及较少。故应在设计时尽早与消防主管部门沟通和认定。

商店防火设计一般性规定汇要   表 8-1A

序号	规范条文内容摘要	条文号
1	商店的易燃、易爆商品库房宜独立设置。存放少量易燃、易爆商品的库房与其他库房合建时，应设防火墙隔断	《商设规》4.1.2
	经营、存放和使用甲、乙类物品的商店严禁设置在民用建筑内	《建规》5.4.5
2	综合建筑内的商店部分应采用耐火极限 ≥ 3.0h 的隔墙和 ≥ 1.5h 的非燃烧体楼板与其他部分隔开	《商设规》4.1.4

续表

序号	规范条文内容摘要	条文号
2	商店的安全出口应与其他部分隔开	《商设规》4.1.4 《建规》5.4.6-1 《高规》6.1.3A
3	营业厅内公共楼梯和出入门的净宽应 ≥ 1.4m，并不应设置门槛	《商设规》4.2.2
4	一、二级耐火等级的营业厅其室内任何一点至最近安全出口的距离宜 ≤ 30m	《建规》表 5.3.13 注 1 《高规》6.1.7
4	同上，当建筑内全部设置自动喷水灭火系统时，该距离可能增加 25%	《建规》表 5.3.13 注 3
5	客货梯宜设置电梯厅，不宜直接设置在营业厅内	《建规》5.3.7
5	空气处理室与营业厅之间应为防火隔音墙，不得直接开门相通	《商设规》3.1.11-4

商店地上层防火设计规定汇要　　　　表 8-1B

序号	规范条文内容摘要	条文号	附注
1	耐火等级为三级时，商店和菜市场的层数不应超过二层或设置在三层及以上。每个防火分区面积应 ≤ 1200m²，有自动灭火系统时应 ≤ 2400m²	《建规》表 5.1.7	防火分区的划分
1	一、二级耐火等级的高度 ≤ 24m 的多层商店，以及高层建筑与裙房内的商店之间设有防火墙等防火分隔时，每个防火分区的面积应 ≤ 2500m²，设有自动喷水灭火系统时应 ≤ 5000m²	《建规》表 5.1.7 《高规》5.1.3	
1	高层建筑内的商业营业厅，设有自动报警和灭火系统，且采用不燃烧或难燃烧材料装修时，地上部分的防火分区面积 ≤ 4000m²	《高规》5.1.2	
1	营业厅符合下列条件时，每个防火分区的面积应 ≤ 10000m²：①位于一、二级耐火等级的单层或多层建筑的底层；②设有自动报警和喷水灭火系统；③装修设计符合《建筑内部装修设计防火规范》的有关规定	《建规》5.1.12	

续表

序号	规范条文内容摘要	条文号	附注
2	超过二层的多层商店应设封闭楼梯间	《建规》5.3.5-3	楼梯间的设置
	位于高层建筑裙房内的商店，以及高度≤32m或24m以上部分任一楼层建筑面积≤1000m²（或≤1500m²）的商业楼（或商住楼）应设封闭楼梯间	《高规》6.2.2和表3.0.1	
	建筑高度>32m或24m以上部分任一楼层建筑面积>1000m²（或>1500m²）的商业楼（或商住楼）应设防烟楼梯间	《高规》6.2.1和表3.0.1	
3	商店营业层≥5层时，直通屋面平台的疏散楼梯间宜≥2座。屋面平台上无障碍物的避难面积宜≥最大营业层面积的1/2	《商设规》4.2.4	楼梯间出屋面
4	安全疏散宽度的计算详见8-2和8-3	《建规》5.3.17-1和3及5《高规》6.2.9	疏散宽度
5	建筑面积>300m²的多层商店应设排烟设施	《建规》9.1.3-3及条文说明	排烟设施
	一类高层建筑及高度>32m的二类高层建筑中建筑面积>100m²的商店营业厅均应设排烟设施	《高规》8.1.3.2及条文说明	
6	任一层建筑面积>3000m²或总建筑面积>6000m²的多层商店应设自动报警系统	《建规》11.4.1-4	自动报警系统
	属于一类高层建筑的商业楼、商住楼内的营业厅，以及属于二类高层建筑的商业楼、商住楼内建筑面积>500m²的营业厅，均应设自动报警系统	《高规》9.4.2.3和9.4.3.4	
7	任一层建筑面积>1500m²或总建筑面积>3000m²的多层商店应设自动喷水灭火系统	《建规》8.5.1-4	自动喷水灭火系统
	属于一或二类高层建筑的商业楼、商住楼中的营业厅均应设自动喷水灭火系统	《高规》7.6.2和7.6.3.1及条文说明	
8	总建筑面积>5000m²的地上商店，应在疏散走道和主要疏散路线的地面上增设发光疏散指示标志	《建规》11.3.5-2	疏散指示标志
	除二类居住建筑外，高层建筑的疏散走道和安全出口处应设灯光疏散指示标志	《高规》9.2.3	

注：尚应同时满足附表8-1A的相关规定。

商店地下层防火设计规定汇要　　　　表 8-1C

序号	规范条文内容摘要	条文号	附注
1	耐火等级应为一级	《建规》5.1.8 《高规》3.0.4	耐火等级
2	营业厅不应设在地下三层及以下	《建规》5.1.13-1	层位
	营业厅不宜设在地下三层及以下	《高规》4.1.5B.1	
3	不应经营和储存火灾危险性为甲、乙类的商品	《建规》5.1.13-2 《高规》4.1.5B.2	商品限制
4	设有自动报警和灭火系统，且装修符合《建筑内部装修设计防火规范》的有关规定时，其营业厅每个防火分区的面积可增至 2000m²	《建规》5.1.13-3 《高规》5.1.2	防火分区面积
5	当总面积 > 20000m² 时，应采用不开设门窗洞口的防火墙分隔	《建规》5.1.13-5 《高规》4.1.5B.4	防火分隔
	同上，相邻区域确需局部连通时，应选择下列措施进行防火分隔：①下沉广场等室外开敞空间 ②防火隔间 ③避难走道 ④防烟楼梯间	《建规》5.1.13-5	
6	安全疏散宽度的计算详见 8-2 和 8-4	《建规》5.3.17-1 和 2 及 5 《高规》6.1.12-3	疏散宽度
7	应设置防烟和排烟设施	《建规》5.1.13-4 《高规》4.1.5B.5	防排烟系统
8	应设置火灾自动报警和喷水灭火系统	《高规》4.1.5B.3	自动报警和灭火系统
	同上，但限于建筑面积 > 500m² 者	《建规》8.5.1-4 和 11.4.1-9	
9	疏散走道和其他主要疏散路线的地面或靠近地面的墙面上，应设置发光疏散指示标志	《高规》4.1.5B.6	疏散指示标志
	同上，但限于建筑面积 > 500m² 者	《建规》11.3.5-3	

注：尚应同时满足表 8-1A 的相关规定。

8-2　计算商店安全疏散宽度时，营业厅的建筑面积应如何取值？

答：详见《建规》第 5.3.17 条条文说明。

（1）商店营业厅的建筑面积包括其内的展示货架、柜台、走道等顾客参与购物的场所，以及营业厅内的卫生间、楼梯间、自动扶梯等的建筑面积。

（2）对于采用防火分隔措施分隔开且疏散时无需进入营业厅内的仓储、设备房、工具间、办公室等可不计入该建筑面积内。《技术措施》第 8.7.3 条附注为：如该场所的工作人员通过商场内的疏散楼梯疏散时，应计入其人数。

8-3　涉及高层建筑的商店，其地上层的每100人疏散净宽度指标应取何值？

答：因《高规》无明确规定，故尚存争议。

（1）所谓"涉及高层建筑的商店"主要有下列四类：

①位于高层建筑裙房内的商店；

②位于高层建筑主体底部的商店；

③位于高层建筑主体底部和裙房内的商店（主体投影线上无防火墙分隔）；

④单建的高层商店。

（2）根据《高规》第 2.0.1 条的规定，裙房的定义为："与高建筑相连的建筑高度不超过 24m 的附属建筑"，且应在高层建筑主体投影线上设有防火墙（《高规图示》2.0.1 图示 1）。

因此，当商店的地上营业厅全部位于裙房内时，则可视同多层商店，其安全疏散宽度的计算应执行《建规》第5.3.17-1和3及5条的规定。其中每100人的疏散净宽度指标可根据商店的耐火等级（≥二级）和所在的层位按《建规》表5.3.17-1取值。

（3）对于其他三类涉及高层建筑的商店，由于《高规》没有关于商店地上层安全疏散宽度的计算规定，从而导致理解和执行的分歧。特别是每100人疏散净宽度指标可否执行《建规》表5.3.17-1的规定？还是必须执行《高规》第6.1.9和6.1.10及6.2.9条的限值（1.0m/100人）？应尽早征求当地消防部门的意见，以免返工。

（4）不论何类"涉及高层建筑的商店"，当其耐火等级为一、二级时，关于其地上层的安全疏散宽度计算可明确如下两点：

①营业厅的面积折算值应为50%~70%（《建规》第5.3.17-5条），疏散人数的折算系数应根据所在层位按《建规》表5.3.17-2确定。

②疏散净宽度指标的最大值为1.0m/100人。且当位于四层和四层以上时均为此值。也即：仅对一至三层该值的确定存在争议。

（5）不言而喻，对于多层商店，不论其单建或与多层建筑贴建，以及仅位于多层综合楼的底部，该商店地上层安全疏散宽度的计算，则应执行《建规》第5.3.17-1和3及5条的规定。

8-4　地下商店地面与地上出口地坪的高差≤10m时，其每100人疏散净宽度指标应为0.75m还是1.0m？

答：应为1.0m/100人。

（1）《高规》第6.1.12.3条规定："地下室、半地下室内人员密集的厅、室疏散出口宽度，应按其通过人数每100人不小于

1.0m 计算"。

《建规》第 5.3.17–2 条也规定："当人员密集的厅、室……设在地下或半地下时，其疏散走道、安全出口、疏散楼梯以及房间疏散门的各自总宽度，应按其通过人数每 100 人不小于 1.0m 计算确定"。

地下商店属于人员密集的厅、室，因此当其地面与地上出口地坪的高差 ≤ 10m 时，疏散净宽度指标仍应为 ≥ 1.0m/100 人，而不能按《建规》表 5.3.17–1 的限值 0.75m/100 人计算。

综上可知：地下商店无论其所在的层位、营业厅地面与地上出口地高差大小，以及地上建筑部分的层数多少，其疏散净宽度指标均应为 ≥ 1.0m/100 人。

（2）地下商店营业厅的面积折算应 ≥ 70%（《建规》第 5.3.17–5 条）。疏散人数的换算系数应根据所在层位按《建规》表 5.3.17–2 确定。

8–5 商住楼内商店与住宅部分应采用防火墙分隔吗？

答：是的。

（1）《建规》第 5.4.6 条规定：住宅与非住宅部分之间应采用不开设门窗洞口的 ≥ 2.0h 的不燃烧体隔墙和耐火等级 ≥ 1.5h 的不燃烧体楼板与居住部分完全分隔。

（2）但《商设规》第 4.1.4 条则规定："综合性建筑的商店部分应采用耐火等级不低于 3.0h 的隔墙和耐火等级不低于 1.5h 的非燃烧体楼板与其他部分隔开"。并附注："多层住宅底层商店的顶楼板耐火极限可不低于 1.0h"。

该规范系针对商店设计的专项规范，故应按其规定执行。

8-6　歌舞娱乐放映游艺场所主要指哪些室内场所？

答：详见《建规》、《高规》和《技术措施》的相关条文。

（1）《建规》第5.1.15条和《高规》第4.1.5A条将歌舞厅、卡拉OK厅（含具有卡拉OK功能的餐厅）、夜总会、录像厅、放映厅、桑拿浴室（除洗浴部分外）、游艺厅（含电子游艺厅）、网吧等合并简称为：歌舞娱乐放映游艺场所。

（2）根据《技术措施》第8.3.7条第2款注2，公共娱乐场所主要指向公众开放的下列室内场所：

①影剧院、录像厅、礼堂等演出放映场所；

②舞厅、卡拉OK厅等歌舞娱乐场所；

③具有娱乐功能的夜总会、音乐茶座、餐饮场所；

④游艺、游乐场所；

⑤保龄球、旱冰场、桑拿淋浴等娱乐、健身、休闲场所。

8-7　歌舞娱乐放映游艺场所的防火设计有哪些主要规定？

答：根据《建规》和《高规》的相关规定汇总如表8-7所列。

歌舞娱乐放映游艺场所防火设计规定汇要　　　表8-7

层位	序号	规范条文内容摘要	条文号
应位于地上一至三层	1	宜设在一、二级耐火等级建筑内的靠外墙部位	《建规》5.1.14 《高规》3.0.2和4.1.5A
	2	不宜布置在袋形走道的两侧或尽端，否则最远房门距安全出口应≤9m	《建规》5.1.15
		不应布置在袋形走道的两侧或尽端	《高规》4.1.5A

续表

层位	序号	规范条文内容摘要	条文号
应位于地上一至三层	3	厅室的最大容纳人数,录像厅和放映厅按 1.0 人 /m² , 其他场所按 0.5 人 /m² 计算 (均系建筑面积)	《建规》5.3.17-4 《高规》4.1.5A
	4	厅室应采用耐火极限 ≥ 2.0h 的不燃烧体隔墙和 ≥ 1.0h 的不燃烧体楼板与其他部位隔开,当墙上开门时应为不低于乙级的防火门	《高规》4.1.5A
	5	疏散走道或其他主要疏散路线的地面或靠近地面的墙上,应设发光疏散指示标志	《建规》11.3.5-4
	6	房间面积 > 200m² 时应设排烟设施	《建规》9.1.3-5
	7	任一层建筑面积 > 300m² 时应设自动喷水灭火系统 (游泳场所除外)	《建规》8.5.1-6
	8	多层时疏散净宽度指标见《建规》表 5.3.17-1	
		高层时疏散净宽度指标为 ≥ 1.0m/100 人	《高规》6.1.9 和 6.1.10
	9	不应布置在地下二层及以下。当布置在地下一层时,其地面与室外出口地坪的高差应 ≤ 10m	《建规》5.1.15-1 《高规》4.1.5A.1
		应设置封闭楼梯间	《建规》5.3.12-5
	10	一个厅室的建筑面积应 ≤ 200m²	《建规》5.1.15-2 《高规》4.1.5A.2
	11	一个厅室的出口应 ≥ 2 个,当一个厅室的建筑面积 ≤ 50m² 且 ≤ 15 人时可设 1 个	《建规》5.3.12-4 《高规》4.1.5A.3 和 6.1.12.2
	12	疏散净宽度指标为 ≥ 1.0m/100 人	《建规》5.3.17-2 和表 5.3.17-1 《高规》6.1.9、6.1.10 和 6.1.12.3
	13	应设置防烟和排烟设施	《建规》5.1.15-3 和 9.1.3-5 《高规》4.1.5A.5

层位	序号	规范条文内容摘要	条文号
应位于地上一至三层	14	应设置火灾自动报警和喷水灭火系统	《高规》4.1.5A.4
		同上，但后者在游泳场所除外	《建规》11.4.1–10 和8.5.1–6
	注	尚应同时满足本表1~5项的规定	《建规》5.1.14、5.1.15、5.3.17–4 和11.3.5–4 《高规》3.0.2、4.1.5A 和4.1.5A–6

8-8　在高层旅馆、公寓主体的楼层内，设有自用的购物、餐饮、文娱等场所时，该层的安全疏散宽度如何计算？

答：应执行《高规》的规定。

（1）在高层旅馆、公寓主体楼层内设置的购物、餐馆、文娱等场所规模均较小，且主要供入住者自用。其人流多来自主体的上部楼层而非室外地面，故不能按层位套用疏散人数换算系数（《建规》表5.3.17–2）。

（2）此外，也不能考虑营业厅的建筑面积折算值（《建规》第5.3.17–5条）。应根据各功能房间的使用面积，按人均最小使用面积（《技术措施》表2.5.1）反算出使用人数，再按层汇总需要疏散的总人数。由于该表为正常使用情况下房间的合理使用人数，与消防疏散的最不利人数有所差异，因此需获得消防部门的认可。

（3）同时，由于多兼用建筑主体的疏散楼梯，故该层的安全疏散宽度均应按1.0m/100人计算（《高规》第6.1.9和6.1.10及6.2.9条），不能按层位套用《建规》表5.3.17–1的指标。

如兼用的主体疏散楼梯宽度不足时，则应增设通向地面的专
用楼梯。

8-9 地下商场、公共娱乐场所和汽车库兼作人防工程时，其防火设计应执行什么规范？

答：商场、公共娱乐场所执行《人防防火规范》，汽车库仍执行《汽车库防火规范》。

（1）《高规》第1.0.4条规定：本规范不适用于"高层建筑中的人防地下室"。《建规》无相关明确规定。

（2）《人防防火规范》第1.0.2条规定，本规范适用于供平时使用的人防工程防火设计：如商场、医院、旅馆、餐厅、展览厅、公共娱乐场所等。

但该规范第3.1.14条规定：设置在人防工程内的汽车库、修车库，其防火设计按《汽车库防火规范》的有关规定执行。

9 防火间距和消防救援

9-1 相邻外墙采取防火措施后，防火间距的减少值如何确定?

答：不同的防火措施和减少后相应的防火间距如表 9-1 所示。

（1）《住建规》表 9.3.2 规定了多层和高层住宅与相邻民用建筑之间防火间距的最小值，且与《建规》表 5.2.1 和《高规》表 4.2.1 的规定相同。故对于住宅建筑的防火间距规定三者一致。

（2）当建筑物相邻外墙采取防火措施后，其防火间距可相应减少。现将《建规》和《高规》相关规定（二者基本相同），摘要汇总见表 9-1。

减少防火间距的相关规定   表 9-1

序号	规范条文内容摘要	条文号	附注
1	两座建筑物相邻较高一面为防火墙或高出相邻较低一座一、二级耐火等级建筑的屋面 15m 范围内的外墙为防火墙且不开设门窗洞口时，其防火间距不限（甚至贴建）	《建规》表 5.2.1 注 1 《高规》4.2.2	高外墙为防火墙或距低屋面 ≥ 15m 范围内无门窗时（用于多层与多层、高层与高层、高层与多层）
2	相邻的两座建筑物，当较低一座的耐火等级 ≥ 2 级、屋顶不设置天窗、屋顶承重构件及屋面板的耐火等级 ≥ 1.0h，且相邻的较低一面外墙为防火墙时，其防火间距应 ≥ 3.5m（用于多层与多层）	《建规》表 5.2.1 注 2	低外墙为防火墙且低屋顶无天窗时
	同上，但防火间距宜 ≥ 4.0m（用于高层与高层、高层与多层）	《高规》4.2.3	

序号	规范条文内容摘要	条文号	附注
3	相邻的两座建筑物,当较低一座的耐火等级≥2级,相邻较高一面外墙的开口部位设置甲级防火窗或防火卷帘时,其防火间距应≥3.5m(用于多层与多层)	《建规》表5.2.1注3	高外墙上门窗为甲级防火门窗或防火卷帘
	同上,但防火间距宜≥4.0m(用于高层与高层、高层与多层)	《高规》4.2.4	
4	相邻的两座建筑物,当相邻外墙为不燃烧体且无外露的燃烧体屋檐,每面外墙上未设置防火措施的门窗洞口不正对开设,且面积之和≤该外墙面积的5%时,其防火距可按本表规定减少25%	《建规》表5.2.1注4及同条《建规图示》	相邻外墙上的门窗不正对开设且面积较小时(用于多层与多层)
5	数座一、二级耐火等级的多层住宅或办公楼,当建筑物的占地面积总和≤2500m²时,可成组布置,但组内建筑物之间的间距应≥4.0m。组与组或组与相邻建筑物之间的防火间距应≥表5.2.1的规定	《建规》5.2.3及同条《建规图示》	仅用于多层住宅或办公成组布置时

9-2　消防车道与建筑外墙之间的最小距离有规定吗?

答:距高层建筑外墙宜≥5m,对多层建筑未见规定。

(1)《高规》第3.4.3条规定:"消防车道的宽度不应小于4.0m。消防车道距高层建筑外墙宜大于5.0m"。

《高规》第4.3.7条还规定:"消防车道与高层建筑之间,不应设置妨碍登高消防车操作的树林、架空管线等"。

(2)《建规》第6.0.9条仅规定:"消防车道与厂房(仓库)、

民用建筑之间不应设置妨碍消防车作业的障碍物"。对消防车道与建筑外墙的最小距离未见条文规定。

9-3 尽端式消防车道回车场的尺寸如何确定？

答：根据建筑层数和消防车车型确定。

（1）《建规》第6.0.1条规定："尽端式消防车道应设置回车道或回车场，回车场的面积不应小于12m×12m；供大型消防车使用时，不宜小于18m×18m"。

（2）《高规》第4.3.5条的规定仅普通消防车道回车场的面积为"不宜小于15m×15m"，其他与《建规》相同。

（3）可知：尽端式消防车道回车场的尺寸应≥12m×12m，对于高层建筑宜≥15m×15m；供大型消防车使用时宜≥18m×18m。

9-4 高层住宅可以仅沿1个长边设置消防车道吗？

答：《住建规》允许，《高规》不允许。

（1）《住建规》第9.8.1条规定："≥10层的住宅应设环形消防车道，或至少沿建筑的一个长边设置消防车道"。

但《高规》第4.3.1条规定："高层建筑的周围，应设环形消防车道。当设环形消防车道有困难时，可沿建筑的两个长边设置消防车道"。

（2）因此，对于高层住宅应首选设置环形消防车道。当确有困难时，沿一个或两个建筑长边设置消防车道应以消防部门意见为准。

9-5 因条件限制，高层建筑可以间断设置外墙扑救面满足规定长度吗？

答：未见条文规定，应以消防部门意见为准。

（1）《高规》第4.1.7条规定："高层建筑底边至少有1个长边或周边长度的1/4且不小于1个长边长度，不应布置高度大于5.0m，进深大于4.0m的裙房"。

（2）上述扑救面宜为连续的外墙面。如因条件限制，只能间断设置时，除其长度之和应满足规定外，每段扑救面处均应结合消防车道布置消防登高车操作场地。其长度 × 宽度应 ≥ 15m × 8m，靠外墙一侧至外墙的距离宜 > 5m 且 < 15m。但此做法尚无现行规范依据，仍应征得消防部门的认可。

9-6 住宅建筑何时应设置消防电梯？

答：宜执行《高规》的规定。

（1）《高规》第6.3.1.2和6.3.1.3条规定：塔式住宅，以及 ≥ 12 层的单元式和通廊式住宅应设置消防电梯。

（2）但《住建规》第9.8.3条规定：不分类型，住宅 ≥ 12 层时应设置消防电梯。由于塔式住宅的疏散条件相对最差，故应从严对待，建议执行《高规》的规定。